生态环境科技成果的全链式产业化模式创新与实践

水专项淮河项目案例研究

谢显传　李爱民　倪天华
吴　静　王津南　周　雯　等　编著

科学出版社
北　京

内 容 简 介

本书较为全面地介绍水专项淮河项目创新提出并实践的基于“技术研发—成果孵化—联盟集成—平台推广—机制保障”的全链式成果转化与产业化推广模式。第 1~3 章分析水专项成果产业化背景、国内外科技成果转化与产业化的现状、特征和难点；第 4 章详细分析水专项淮河项目在任务设置、市场风险和模式机制上的重要创新；第 5~9 章重点介绍淮河项目成果在产业化二次研发、成果孵化、模式创新、产业化平台推广建设、产业技术创新战略联盟建设、产业化基金建设五个方面的创新实践和典型案例；第 10 章是水专项淮河项目全链式成果转化与产业化推广模式的整体效果总结，系统评估水专项科技创新成果转化的绩效及影响因素；第 11 章提出促进水专项科技成果转化与产业化的建议。

本书可供生态环境及相关专业领域科技人员、环保企业人员、技术交易市场人员等阅读参考。

图书在版编目（CIP）数据

生态环境科技成果的全链式产业化模式创新与实践：水专项淮河项目案例研究 / 谢显传等编著 . — 北京：科学出版社，2023.4

ISBN 978-7-03-074143-1

Ⅰ. ①生… Ⅱ. ①谢… Ⅲ. ①环境科学 – 科技成果 – 产业化 – 研究 – 中国 Ⅳ. ① X-12

中国版本图书馆 CIP 数据核字（2022）第 234996 号

责任编辑：刘 冉 / 责任校对：杨 然
责任印制：吴兆东 / 封面设计：北京图阅盛世

科学出版社 出版
北京东黄城根北街 16 号
邮政编码：100717
http://www.sciencep.com

北京中石油彩色印刷有限责任公司 印刷
科学出版社发行 各地新华书店经销

*

2023 年 4 月第 一 版 开本：720 × 1000 1/16
2023 年 4 月第一次印刷 印张：10 3/4
字数：220 000

定价：98.00 元

（如有印装质量问题，我社负责调换）

编著者名单

主编人员名单

谢显传　　南昌大学/南京大学

李爱民　　南京大学

倪天华　　南京大学

吴　静　　中国环境科学研究院

王津南　　南京大学

周　雯　　生态环境部华南环境科学研究所

参编单位及人员（排名不分先后）

南京大学

　　吴　军　李文涛　万　云[1]　马　艳　胡雪娇　许贵洲

生态环境部环境发展中心

　　徐　成　姜　琦　韩　巍　魏东洋　钱　玲　叶　晔

　　马广玉　张　欢

中国科学院生态环境研究中心

　　赵　旭　冒　冉

生态环境部华南环境科学研究所

　　杜建伟　贺　框　曹　茜

郑州大学

　　何争光　买文宁　梁家伟

北京林业大学

　　伦小秀　李红丽

安徽华骐环保科技股份有限公司

张德伟[2]　郑　俊[2]　吴　琦

中国环境科学研究院

罗　宏

南京大学盐城环保技术与工程研究院

丁新春　巫先坤[3]

南京环保产业创新中心有限公司

许　玲

南京扬子江生态文明创新中心

朱　林　陈　讯　牛淑锋　高小娟

1 安徽建筑大学
2 安徽工业大学
3 盐城师范学院

前　言

随着城市化进程加快和社会经济持续高速发展，发达国家上百年发展过程中经历的环境问题在我国呈集中式、爆发式出现，资源约束趋紧，水环境污染严重，生态系统退化形势严峻，国家对环境科技的需求已经到了前所未有的迫切程度。加快发展环境科技成果产业化是我国资源环境瓶颈约束的客观需要，环保技术、材料和装备的国产化与产业化发展是国家发展战略需求。作为中华人民共和国成立以来投资最大的水污染治理科技项目，水体污染控制与治理科技重大专项（简称“水专项”）自“十一五”以来共研发了数百项水污染控制与治理关键技术，大部分技术成果已通过工程示范验证，技术就绪度普遍达到6~7级以上，初步具备了产业化的可行性。不过，生态环境科技成果转化与产业化是一个复杂的社会系统工程，过程与路径长，市场化风险高。建立可推广、可复制的高效成果转化与产业化模式，使大部分水专项成果真正为我国流域水污染治理与管理服务，并转化为我国环保产业发展的生产力，将面临巨大的挑战。探索建立与环保行业特色相适应，与我国社会经济发展水平与水污染防控需求相匹配的成果转化与产业化模式，推动水专项技术成果从“书架”走到“货架”，打通产业化“最后一公里”，是亟须解决的关键问题。

针对淮河流域水污染治理关键问题与环保产业发展需求，在借鉴国内外科技成果产业化成功经验的基础上，水专项淮河项目积极探索了生态环境成果的转化与产业化机制，创新提出并实践了基于“技术研发—成果孵化—联盟集成—平台推广—机制保障”的全链式成果产业化模式，为打通生态环境科技成果产业化“最后一公里”提供切实可行的路径。该模式以水专项成果为对象，通过产业化二次开发，研制可市场化推广应用的典型工业废水资源化与无害化处理、城镇污水高效脱氮除磷处理、河湖水生态修复、水生态环境监测等技术领域的环保产品装备，实现产品装备的标准化和关键核心技术的规范化。与此同时，通过人才、技术、资本等要素优化配置，建立了流域水污染治理与生态修复等技术创新战略联盟，建成水专项成果产业化推广平台，探索了水专项成果转化与产业化推广的市场化机制，打通了生态环境科技成果转化与产业化的“最后一公里”，推动水专项成果从“书架”走到“货架”，在淮河、长江等我国重点流域转化落地，真正转变为环保企业发展动力，科技助力我国重点流域打赢污染防治攻坚战。

本书较为全面地介绍水专项淮河项目创新实践的基于“技术研发—成果孵化—联盟集成—平台推广—机制保障”的全链式成果转化与产业化推广模式。第1~3章分析水专项成果产业化背景、国内外科技成果转化与产业化的现状、特征和难点；第4章详细分析水专项淮河项目在任务设置、市场风险和模式机制上的重要创新；第5~9章重点介绍淮河项目成果在产业化二次研发、成果孵化模式创新、产业化平台推广建设、产业技术创新战略联盟建设、产业化基金建设五个方面的创新实践和典型案例；第10章是水专项淮河项目全链式成果转化与产业化推广模式的整体效果总结，系统评估水专项科技创新成果转化的绩效及影响因素；第11章提出促进水专项科技成果转化与产业化的建议。

本书得到了水体污染控制与治理科技重大专项“十三五”淮河项目“水专项技术成果产业化推广机制与平台建设”课题（2017ZX07602004）和“国家水体污染控制与治理技术体系与发展战略”课题（2018ZX07701001）以及江西省重点研发计划“揭榜挂帅”项目（20223BBF61019）和江西省“双千计划”创新领军人才长期项目（2021CQKJ0696）的支持与资助，其研究过程为本书的形成积累了素材。本书各章节内容主要由水专项研究团队成员编著。其中，第1章由谢显传、李爱民等编著；第2章由吴静、罗宏等编著；第3章由倪天华等编著；第4章由谢显传、李爱民、王津南等编著；第5章由丁新春、巫先坤、赵旭、杜建伟、何争光、吴军、张德伟、伦小秀、万云、李红丽、李文涛等编著；第6章由倪天华、许玲等编著；第7章由谢显传、李爱民、马艳等编著；第7章由李爱民、王津南、谢显传等编著；第8章由谢显传、许玲、李爱民等编著；第9章由周雯、魏东洋、曹茜、陈讯等编著；第10章由吴静、罗宏、谢显传等编著；第11章由李爱民、倪天华、谢显传、吴静等编著。

水专项的成果转化与产业化推广取得了明显成效，但是仍有大量的水专项技术成果仅仅是完成了工程示范验证，还停留在高校及科研院所科学家的“书架”上，尚未形成可市场化推广的产品装备。因此，为了在“后水专项”时代能实现大量的水专项技术成果从“书架”走到“货架”，真正转化为我国水环境治理能力和环保产业发展核心动力，特编制本书。希望本书能够为系统推动生态环境领域科技成果真正转化落地提供一些参考和借鉴，由于研究水平不足，我们的工作还存在不少待完善的部分，希望读者不吝指正，帮助和指导我们在未来的工作中进一步完善。

编著者

2022年7月

目　录

第1章 引 言

当前，我国面临着经济社会发展与环境保护的双重压力，资源约束趋紧，环境污染严重，生态系统退化形势严峻，发达国家上百年发展过程中经历的环境问题在我国呈集中式、爆发式出现，严重威胁着我国的能源安全、生态安全、环境安全、水资源安全和公众健康。在进入环境集中治理的攻坚阶段，国家对环境科技的需求已经到了前所未有的迫切程度，加快发展环境科技成果产业化是我国资源环境瓶颈约束的客观需要，环保技术、材料和装备的国产化与产业化发展是国家发展战略需求。国家对环保产业的发展寄予厚望，环境保护的地位及重要性上升到前所未有的高度，环保产业不断受到重视，已经成为国际经济科技竞争的新领域。“十一五”至“十二五”期间，我国环保产业发展一直保持25%～30%的较高增速。2015~2019年，环保产业营业收入总额由9600亿元增长到17800亿元，年均复合增长率达16.7%，远高于同期的国民经济增长速度。环保产业营业收入与国内生产总值（GDP）的比值逐步提升，由2004年的0.4%提升到2019年的1.8%；环保产业对国民经济的直接贡献率由2004年的0.3%上升到2019年的3.1%，环保产业对GDP增长的拉动从2004年的0.03个百分点扩大至0.2个百分点。环保产业对全国就业的贡献逐步增大，从业人数占全国就业总数的比值由2004年的0.08%提升至2019年的0.33%[1]。与此同时，国家不断加大生态环境治理力度，以改善生态环境质量为核心，实行最严格的环境保护制度，深入实施大气、水、土壤污染防治行动计划，使得环保产业的作用日趋强化，地位显著提升，已经成为国际经济科技竞争的新领域。2010年9月，

《国务院关于加快培育和发展战略性新兴产业的决定》首次明确提出“节能环保产业”作为七大战略性新兴产业之首，要求示范推广先进环保技术装备及产品，提升污染防治水平，推进市场化节能环保服务体系建设。随后又相继发布了《“十二五”国家战略性新兴产业发展规划》和《“十二五”节能环保产业发展规划》。随着人民日益增长的优质环境需求和中国环境问题的矛盾日益凸显，《“十三五”生态环境保护规划》以提高环境质量为核心，要求大力实施水、气、土三大行动计划，打好攻坚战。严格的环境治理要求带来了巨大的治理需求，但面对中国复杂的环境问题和新的社会经济发展形势，中国环保产业的发展，不仅面临着全新的机遇，更需要接受技术上更高水平的挑战。

为解决环境保护中的技术难题，中国连续实施了多年的环保科技专项，形成了一批先进的环保科技成果。近年来，我国的研发投入每年都以两位数的百分比快速增长。国家统计局数据显示，2017年中国研发经费投入占GDP总额的2.12%，投入总量为17500亿元，比上年增长11.6%。我国每年有数万项科技成果面世。据《2020年环保产业发展状况报告》，2019年环保企业研发投入占营业收入比重达3%以上，高于全国规模以上工业企业水平。根据《全球环境技术专利热度分析报告》，2008~2017年我国环境领域发明专利申请量约占全球的44%，申请量占比逐年上升，到2017年已达80%以上[2]。我国环境领域核心专利数量位列全球第三，有望赶超日本，对美国形成追赶态势，但差距仍然较大。专利技术成果主要集中在高校、科研院所，环保企业尚未成为技术创新的主导力量。目前，我国环保产业的主流技术与国际基本同步，呈现总体并跑、局部领跑、少数领域跟跑的局面。大气污染防治领域整体实现并跑，在烟气超低排放、除尘设备等方面处于领跑地位；水污染防治领域整体处于跟跑，在污泥压滤设备等方面基本实现并跑；土壤污染防治领域技术开发起步较晚，尚在跟跑；固体废物处理处置领域已形成一批具有本土化技术优势的垃圾焚烧炉装备，在干式厌氧发酵等新兴领域尚未有成熟的技术装备，处于跟跑地位；环境监测仪器设备专利成果增长较快，但整体技术水平不高，处于跟跑地位。总体看来，我国环境污染防治技术装备与国际领先水平相比仍存在5～10年的差距。

根据《2014~2018年中国科技成果转化行业全景调研与发展趋势预测报告》，我国科技成果转化率不足10%，而真正实现产业化的还不到5%，远低于发达国家40%的水平，环保科技成果转化率尤其如此，实现成果产业化比例较低。这就是说，我们用了数以万亿计的资金换来的研发成果，有90%只是知识的静态层面呈现而已，既不能转变成资本也不能转化成财富，也就无法为社会创造出更大效益。因此，要解决全国的环境问题，必须将科技成果转化为产品或商品，实现创新技术的产业化。

为实现中国经济社会又好又快发展，调整经济结构，转变经济增长方式，缓解我国能源、资源和环境的瓶颈制约，根据《国家中长期科学和技术发展规划纲要（2006—2020年）》，国家设立了水体污染控制与治理科技重大专项（简称“水专项”）。这是中华人民共和国成立以来投资最大的水污染治理科技项目，中央资金投入经费概算三百多亿元，旨在为中国水体污染控制与治理提供强有力的科技支撑，实现综合调控国家水环境的重大发展战略。经历“十一五”至“十三五”的艰苦努力，水专项研发了一批经过水污染治理实践检验的关键技术和成套技术，涉及重点行业水污染控制、城镇污水处理及再生利用、农业面源污染控制、水体生态修复、饮用水安全保障及监控预警等诸多领域；建设了300余项工程示范项目，在淮河、太湖等重点流域建设了20个水污染治理和水环境改善综合示范区。

针对我国水环境治理的主要科技需求，水专项充分发挥企业在研究开发和投入中的主体作用，在三个阶段分别部署产业化课题共计43项（生态环境部课题21项，住房和城乡建设部课题22项），共投入中央财政资金5.3亿元，带动了地方及企业配套投入研发资金达13.8亿元。在“十一五”阶段，以北京碧水源科技股份有限公司、江西金达莱环保股份有限公司、江苏南大环保科技有限公司等企业为牵头单位，分别设置了“MBR污水处理膜材料和膜分离成套装备开发及产业化”“流域面源污染处理设备研发及产业化基地建设”等产业化课题14项（生态环境部课题3项，住房和城乡建设部课题11项）。在“十二五”阶段，水专项进一步加强了产业化课题版块的顶层设计，提出了“自主研发水污染治理技术成套工艺、技术与装备，引导和培育战略型环保新兴产业”阶段目标，并按照重污染行业水污染控制、城市污水处理、流域治理与生态修复、城市饮用水安全保障、水环境监控预警、重大装备以及水环境保护社会化服务七大类分别设置产业化课题25项（生态环境部课题15项，住房和城乡建设部课题10项）。在“十三五”阶段，水专项设置了“水专项技术成果产业化推广机制与平台建设”等产业化4项（生态环境部3项，住房和城乡建设部课题1项）。水专项产业化课题共研发了环保装备205项，包括材料34项、设备127项和仪器44项，为我国城镇污水提标改造与深度处理、典型工业废水无害化处理与稳定达标排放、农业农村废弃物资源化利用与污染控制、饮用水安全保障和全国地表水环境自动监测网络建设等提供了重要科技支撑；在我国长江、淮河、辽河等重点流域和京津冀等重要区域建成了国家生态环境科技成果转化综合服务平台、南京扬子江生态文明创新中心等水专项成果转化与产业化推广平台16个，为30家上市企业和百余家中小环保企业快速发展提供重要培育和支持作用；为企业新增产值累计2000亿元，培育了江西金达莱环保股份有限公司、安徽华骐环保科技股份有限公司等9家企业成为我国环保细分领域的龙头企业，有力支撑了江苏宜兴、盐城、南京、常州和辽宁沈阳等国家级环保产业园和环保服务业集聚区建设与发展。目前，水专项部分成果已取得了较显著的转化和推广效果，但如何在“面”上建立可推广、可复制的高效成果孵化与转化模式，使大部分水专项成果真正能为我国流域水污染治理与管理服务，并转化为我国环保产业发展的生产力，将面临巨大的挑战。除去科技体制不完善、科技评价体系约束、风险资金投入不足等原因外，缺乏高效的科技成果产业化模式很可能是导致水专项科技成果难以产业化的重要原因之一。因此，探索建立与环保科技行业特色相适应，与我国社会经济发展水平与水污染防控需求相匹配的成果转化与产业化模式，有力推动水专项成果从“书架”走到“货架”，是“后水专项”时期的重要课题。

参考文献

[1] 生态环境部科技与财务司, 中国环境保护产业协会. 2020年中国环保产业发展状况报告[R].

[2] 中国环境保护产业协会. 2008—2017年全球环境技术专利热度分析报告[R].

第2章　国内外科技成果转化与产业化现状及特点

科技成果转化是科技创新活动全过程的“最后一公里”，是实现创新驱动发展战略的重要举措[1]，也是新时期国家科技体制改革和创新体系建设的关键环节，对推进供给侧结构性改革，以及更好发挥科技进步对经济发展的支撑作用都具有重要意义。习近平总书记在中国科学技术协会第九次全国代表大会上指出：“科技创新绝不仅仅是实验室里的研究，而是必须将科技创新成果转化为推动经济社会发展的现实动力。”因此，为了推动我国科技成果转化效率，国家不断完善科技成果转化的政策环境，大量激励成果转化、创新创业的改革举措密集出台。2016年，国务院办公厅出台了《促进科技成果转移转化行动方案》，制定了一系列相关政策和改革措施解决科技创新成果转移转化中存在的问题和不足。2020年2月，教育部、国家知识产权局、科技部发布《关于提升高等学校专利质量促进转化运用的若干意见》，意在解决高校专利存在“重数量轻质量”“重申请轻实施”等问题。2020年5月，科技部等9部门印发《赋予科研人员职务科技成果所有权或长期使用权试点实施方案》，该方案分领域选择40家高等院校和科研机构开展试点，意在通过深化科技成果使用权、处置权和收益权改革，形成可复制、可推广的科技成果转化经验和做法，进一步激发科研人员创新热情，促进科技成果转化。科技成果转化政策接连出台，全速推进我国科技创新迈向产业化，反映了国家推进科技成果转化运用的决心。

我国科技体制经历了由启动改革到运行机制逐步成形的过程，新时期科技体制改革强调建设以企业为主体、产学研结合的技术创新体系[2]。虽然我国每年有数万项科技成果面世，专利产出量逐年增加，令人遗憾的是，我国具有实际市场价值的专利较少，科技成果转化率较低。《2014—2018年中国科技成果转化行业全景调研与发展趋势预测报告》数据显示，我国的科技成果转化率不足10%，真正实现产业化的还不到5%，远低于发达国家40%的水平。我国科研成果转化存在着科技与经济“两张皮”现象，所以不仅需进一步深化科研体制机制改革，满足供给侧结构性改革需要，还要从培养科研成果转化人才、建立科研成果转化平台等微观层面完善科研成果转化服务措施[3]。

党的十八大以来，以习近平同志为核心的党中央对强化生态环境保护的科技支撑提出明确要求，强调要加强科技攻关，加快成果转化与应用，充分发挥创新驱动是打好污染防治攻坚战和建设生态文明基本动力的重要作用。可以说，在进入环境集中治理的攻坚阶段，国家对生态环境科技的需求已经到了前所未有的迫切程度，环保技术、材料和装备的国产化与产业化发展是国家发展战略需求。然而，面对我国科技成果转化率低的事实，我国生态环境科技成果转化率尤其如此，实现成果产业化的比例更低，生态环境科技成果转化一直是有待进一步解决的瓶颈问题。目前，我国生态环境科技成果转化欠缺畅通的市场化机制，无法有效地利用市场机制实现成果转化的产业化模式，造成大量优秀的生态环境科技成果无法对接污染治理市场需求，导致污染治理推进与环保产业发展陷入困境。可见，我国迫切需要加快生态环境科技成果转化和产业化，构建生态环境保护技术服务体系，不断提高当前的生态环境科技服务水平。

2.1　发达国家科技成果转化与产业化的特点和成功经验

国际上科技成果转化与产业化具有模式多样化和制度丰富化，以官、产、学、研相结合为特点，形成了政府为引导、企业为主体、全社会支持成果转化的多元化机制，这些模式和经验都为我国的科技成果转化和创新体制改革提供了参考。为了保证大学的学术与产业界的互惠互动，国外大学和研究机构都是以专门的技术转移机构进行科技转化工作，形成了不同的优势和特色。通过专门的技术转移机构，把大学的最新科技成果转移到企业中去，是国外经济得以持续发展的一个重要因素，不仅能制造大量的就业机会，而且能产生较高的经济效益。

2.1.1 美国的先进模式与成功经验

自1980年实施《拜杜法案》以来，美国政府几乎每两年就出台推动科技创新的法规措施，这些科技扶持政策为美国科技成果转化扫除了传统障碍。在美国的科技创新体系中，高等院校、科研机构和国家实验室是推动科技成果转化最重要的力量，在科技成果转化和产业化方面建立先进模式，获得了非常丰富的经验（表2-1）。美国高校基本以“科技成果授权使用+配套技术服务”，或者“技术专利入股+配套技术服务”的模式进行科技成果转移转化工作，美国法律明确规定大学的科技成果统一由大学的技术转化中心来实施具体的转移转化工作，同时为了防止技术垄断，要求技术成果必须同时授权给三到五家企业，实现了大学与产业界的良性互动。美国实验室的发明成果采取专利和版权的形式授权许可给专业化公司进行商业化的开发和推广，使得这些科学技术成为工业产品、服务以及消费商品，以实现先进技术转化落地，促进创新技术的有效利用。综合来看，美国科技成果转化主要有以下四个方面的成功经验。

表2-1 美国关于促进科技成果转化的制度供给

通过年份	文件名称	主要内容
1980	《杜拜法案》 (*Bayh-Dole Act*)	允许小企业、大学或非营利机构获得发明（政府出资资助）的所有权，同时规定商业性组织可以获得政府所有、政府运营的实验室授予的独立性授权
1980	《技术创新法》 (*Stevenson Wydler Technology Innovation Act*)	将“技术转移”确定为联邦政府职责，要求联邦实验室积极促进所有技术发明向非政府机构转移
1982	《小企业创新发展法》 (*Small Business Innovation Development Act*)	鼓励中小企业技术创新，参与联邦实验室的项目研究，使小企业成为促进联邦科研成果转化的主要力量之一，达到利用中小企业的技术力量来满足联邦政府研究开发工作及商业市场的需要，最终强化社会各界在联邦政府研究成果市场化过程中的作用

续表

通过年份	文件名称	主要内容
1984	《国家合作研究法》(*National Cooperative Research Act, NCRA*)	建立合理机制评估合作研究的反垄断影响，鼓励企业在通用领域共同合作研发
1984	《专利和商标说明法》	是对《杜拜法案》和《技术创新法》的修订，推动专利和许可对技术转移的支持
1986	《联邦技术转移法》(*Federal Technology Transfer Act*)	通过授权公营实验室缔结合作研究合约，鼓励国家实验室与工业界合作建立科研联合体，以促进技术转移
1988	《综合贸易和竞争力法》(*Omnibus Trade Competitiveness Act*)	保护贸易和知识产权，联邦政府与其他研发机构合作，实施技术转让和商业化
1989	《国家技术转让促进法》(*National Technology Transfer and Advancement Act*)	对《联邦技术转移法》的修订，扩展"合作开发协议"模式的应用，将政府所有、委托经营的国家实验室纳入其中，增加保密规定
1992	《小企业技术转移法》(*Small Business Technology Transfer Act*)	要求国防部、能源部、卫生保健部、国家航空航天局、全国科学基金会制定为期三年的小企业技术转移计划，资助小企业、大学研究人员、联邦政府资助的研发中心及非营利研发机构的合作研发项目
1993	《国家合作研究与生产法》	放宽对合作生产的限制，使合作研究者使用共同获得技术生产经营
2000	《技术转移商业化法》	扩大"合作开发协议"许可的权利，建立联邦机构在技术转移活动中的报告和监督执行程序，进一步建立了国家实验室技术转移绩效考核机制，要求国家实验室直属管理部门每个财政年度都必须提交所属实验室的技术转移绩效报告，并由商务部汇总形成年度技术转移报告，提交给总统和国会
2007	《美国竞争法》(*America Creating Opportunities to Meaningfully Promote Excellence in Technology, Education, and Science Act*)	加大研发投入，加强科学、技术、工程以及基础数学的教育，完善联邦政府创新机制
2010	《21世纪国家知识产权战略》	七大主题鼓励创新和知识产权保护，例如技术创新，数字版权以及研发基金等
2010	《美国竞争再授权法案》(*America Competes Reauthorization Act*)	三年内增加对科学、技术、工程以及基础数学的教育额外投资
2011	《美国发明法案》(*Leahy-Smith America Invents Act*)	将美国坚持的"先发明制"改为"先申请制"，并调整宽限期等制度
2015	《美国创新战略》(*New Strategy for American Innovation*)	提出投资创新基础要素，激发私营部门创新活力推动民众创新创业，创造高质量就业岗位以及推动国家优先发展疆域等战略计划

1. 设立专门的技术成果转化机构

为了促进科技成果的转化，美国设立专门的技术转移机构（Technology Licensing Organization，TLO）进行科技成果转化工作，运行经费主要来源于国家和大学的投入。目前，采用最广泛的模式是首创于斯坦福大学TLO模式，即发明人向高校技术转移机构许可办公室提交发明披露，办公室在完成成果的商业潜力评估后进行专利申请和市场营销，通过许可谈判把专利许可给企业界，基于许可后过程管理和许可收入分配，在发明人与企业之间建立紧密联系，确保专利顺利转化为产品，推动技术向产业界转移。

2. 构建完备的技术转移服务体系

美国通过构建内部保障机制，已经形成了较为完善的技术转移服务体系。以美国劳伦斯·伯克利国家实验室为例（图2-1），首先，通过建立创新启动平台为企业创业提供一系列商业化服务，整合有利于技术成果转让和创业的企业家资源和信息，如聘请风险资本家或商业开发人员进行创业培训和经验交流咨询；其次，建立一套实验室的技术鉴别和推广认证程序，进行商业化分析和技术展示与培训服务，为自主创立的公司提供从项目启动到形成产品投入市场的全方位的帮助；最后，一方面通过创新基金资助计划，向所有实验室人员发布申请项目的信息，一方面通过评估可行性，向重点发展对象提供必要的资金和资源，来推进发明和软件的商业化。

3. 建立公私合作的成果转化机制

美国通过相应的政策和制度来加强与外部研究机构和企业的合作，以共同促进科技成果的转化和产业化。通过国家实验室与私营企业签订合作研发协议，实验室提供科研人员、仪器设备等，企业提供资金支持和试验平台等，共同推动实验室成果的产业化。通过用户设备协议允许企业、大学以及其他政府部门使用国家实验室的实验室研究设备进行科学研究，推进全球资源共享。通过与非联邦部门签署技术协议，以提供实验室独特设施、设备和人员的方式激发合作者的积极性。

4. 创办市场化的风险投资基金

美国高校在技术转移中心基础上，通过创办风险投资基金，设置灵活的资金支持计划，并结合市场需要，与外部风险投资企业或个人投资者进行组合型投资，就科技成果转化过程中“断裂带”阶段进行引导性投资，用以支持在满足一定条件下实验研究的资金需求，从而保证科研项目的及时启动，以更好地促进科技成果转化。除了提供风险资金支持，基于风险投资基金还可以组织发明者和经验丰富的商业开发人员开展交流协作会议，整合各种有利于技术转让和创业的企业家资源和信息，推动成果快速实现转化。

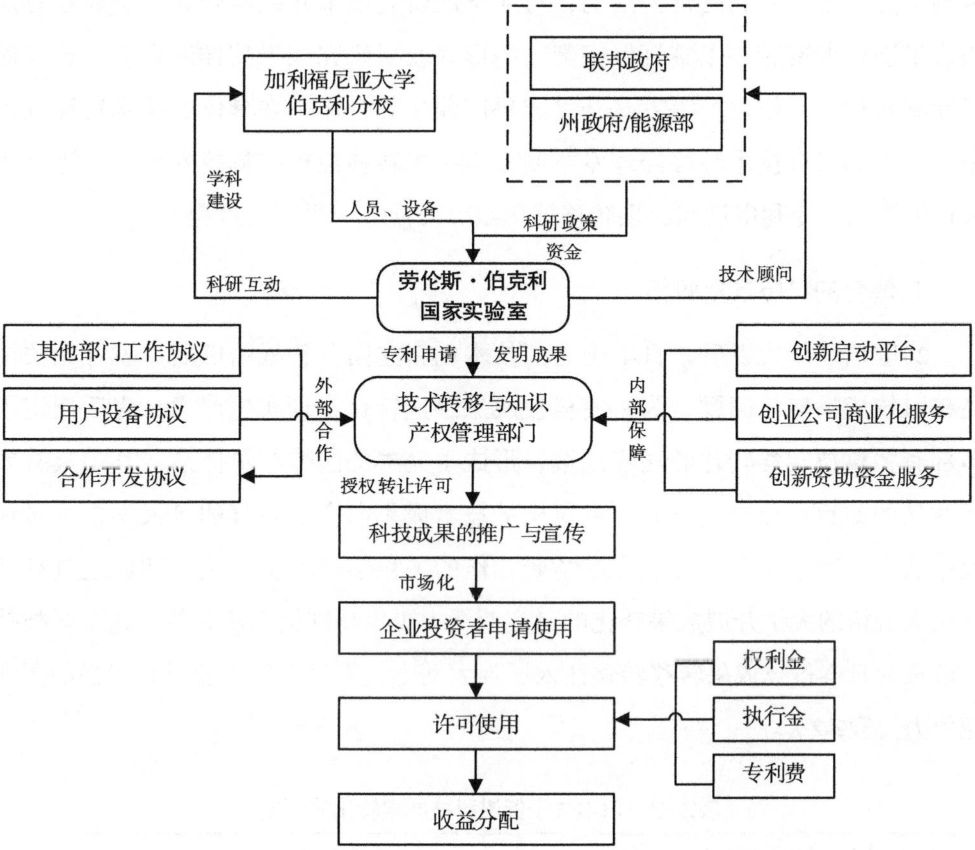

图2-1 美国劳伦斯·伯克利国家实验室科技成果转化与产业化过程

2.1.2 日本的先进模式与成功经验

日本自1999年开始设立TLO作为国家科技中介机构，成为大学与企业界沟通交流的重要窗口。依托大学性质和自身实力，日本TLO主要采取内部型、单一外部型和广域外部型三种组织模式。为了提高技术转移合作的积极性，大约80%的TLO运营采用了会员制，通过会员制的方式获得更多技术转移潜在对象和提供更好的技术转移服务是日本TLO的重要特点[3]。会员制TLO以企业会员为主，少部分TLO接收个人（包括研究人员）会员，按照企业规模或会员等级收取会员费。日本的技术转移流程基本相同，即TLO通过向国内外产业界发布专利信息，进行专利的营销活动，将大学的研究成果介绍给企业，企业在对发明成果进行考察后，以签订保密契约的形式获得研究成果的详细资料，最终通过专利转让、合作生产等方式开展成果产业化的合作。在具体的技术转移过程中，其内部实行技术转移经理专案制，由技术转移经理挖掘技术成果，进行成果价值评估、专利申请和成果转移转化跟踪反馈等一系列的过程。

1. 健全的科技扶持政策

20世纪90年代以后，日本确立“技术创新立国”新战略以后，就开始关注高校科技成果转化问题，为了使科技成果迅速转化为现实生产力，先后制定了多部有关科技转移转化的法规法案，形成了完善的法律政策体系。其中具有重要意义的如旨在促进大学和研究机构的技术成果向企业转移的《大学技术转让促进法》（TLO法）、增强官产学研合作的《科学技术基本法》和促进具有独立法人资格的大学开展成果转化的《产业活力再生特别措施法》等。这些科技扶持政策为日本科技成果转移转化注入了强大动力，使日本的产业具有较强的国际竞争力（表2-2）。

表2-2 日本关于促进科技成果转化的制度

通过年份	文件名称	主要内容
1995	《科学技术基本法》	国立大学教师所完成的技术成果归属教师，但使用政府提供的特殊试验设备或使用特别研究费所取得的技术成果归属国家所有
1998	《大学技术转让促进法》（TLO法）	确立了政府从制度与资金方面对高校科技成果转化工作机构支持与资助的责任，明确规定高校设立的科技成果转化机构，可以直接从政府获得活动经费和人员派遣的支持
1999	《产业活力再生特别措施法》	规定高校利用政府经费完成的科研项目，其成果开发获得的专利所有权完全归学校所有

续表

通过年份	文件名称	主要内容
2004	《国立大学法人法》	使国立大学获得了独立法人资格，取得了对自己研发的所有科研成果的转化、转让的自主权，可以将成果转化、转让产生的全部收益由学校自主经营管理，而不再纳入政府的财政预算。该法的实施大大加快了日本国立大学的科技成果转化开发和向企业的技术转让
2005	《专利法》	通过保护与利用发明，鼓励发明，以推动产业的发展
2006	《教育基本法》	提出了高校应通过转让自己科研成果的方式，向企业和社会做出更大的贡献，进一步增强高校为经济社会发展服务的功能

2. 类型多样的专门技术转移机构

日本通过相关法令规定各高校要根据具体情况建立专门技术转移机构进行科技成果转化，统一管理高校知识创新和成果转让，沟通和协调大学和企业的关系。根据日本公立大学和私立大学不同产权性质，TLO类型主要包括内部组织型、单一外部组织型和广域外部组织型。内部组织型是从属于学校的一个部门，由学校选派人员，便于大学统一管理，采取该种组织模式的主要是庆应义塾大学和早稻田大学等私立大学。单一外部组织型是指TLO和大学之间是一对一的业务委托或出资关系，属于大学出资控股的校外独立机构，在市场推广和商业化开发方面更专业，采取该种组织模式的主要有东京大学的先端科学技术孵化器中心（CASTI）、东京工业大学的财团法人理工学振兴会。广域外部组织型是既独立于大学又与多所大学进行业务合作的独立TLO，拥有较高的自由度、较齐全的专业人才队伍；目前在日本采取该类型的TLO居多，而最典型代表是关西TLO。日本多种类型TLO的发展加强了大学和产业之间的联系，增加了大学专利许可数量、专利许可收入和衍生企业的数量，促进了先进科技成果向产业化转移，成功推动了日本产业技术进步和经济发展。

3. 完善的科技成果转化激励机制

为了促进市场经济下的科技成果转移转化，日本建立了完善的科技激励机制。在利益分配上，更多地向专利发明人倾斜，大部分采用美国的三分法（发明人、发明人所属院系及高校）进行分配，激发各个利益主体的积极性。在人事制度上，一方面，实行技术转移经理专案制，具体负责科研成果挖掘、成果价值评估、专利申请、技术转移转化和跟踪反馈等过程，促使大学技术成果更有效地向企业转移；另一方面，重视转移机构中不同专业背景的技术人才和不同领域的综合管理人才的组成和配备，通过政府统一培训提升成果转化各环节所需人才的技术和管理经验。

2.2 我国科技成果转化与产业化的现状和特点

2.2.1 我国科技成果转化与产业化的现状及趋势

1. 环境科技成果转化的制度供给

为实现新形势下更高的环保要求和目标，环保产业在国民经济中的地位不断提高，环保技术的成果转化和产业化面临重大的发展机遇。近年来中国积极发布和调整各项环保法规政策来支持环保技术的产业化发展，详见表2-3。2010年9月，《国务院关于加快培育和发展战略性新兴产业的决定》首次明确提出“节能环保产业”作为七大战略性新兴产业之首予以支持。2014年修订发布的《环境保护法》，明确提出“鼓励和支持环境保护技术装备、资源综合利用和环境服务等环境保护产业的发展”。近年又相继发布了《“十二五”国家战略性新兴产业发展规划》和《“十二五”节能环保产业发展规划》、《关于发展环保服务业的指导意见》、《关于加快发展节能环保产业的意见》以及多项经济政策、产业目录等。国家对环保产业的发展寄予厚望，环境保护的地位及重要性上升到前所未有的高度，在这样的背景下，环保技术的产业化发展面临的不仅是发展契机，更是严峻的挑战。

虽然我国每年有数万项科技成果面世，专利产出量逐年增加，令人遗憾的是，具有实际市场价值的专利较少，科技成果转化率较低，而我国生态环境科技成果转化率尤其如此，实现成果产业化的比例更低，生态环境科技成果转化一直是有待进一步解决的瓶颈问题。环保科技成果要付诸应用才能顺利

表2-3　2010年以来环保产业发展及成果转化引导型政策文件

发布时间	发布单位	文件名称	产业促进作用
2010.10.10	国务院	《关于加快培育和发展战略性新兴产业的决定》	将环保产业作为战略性新兴产业予以重点扶持
2011.09.08	商务部等	《关于促进战略性新兴产业国际化发展的指导意见》	提出把国际化作为推动战略性新兴产业发展的重要途径，要培育节能环保产业国际化发展
2011.10.17	国务院	《关于加强环境保护重点工作的意见》	明确提出大力发展环保产业是环境保护的重点工作
2011.04.05	环保部	《关于环保系统进一步推动环保产业发展的指导意见》	明确了培养潜在市场、释放现实市场、促进结构升级、提高发展水平的推动环保产业发展的主要思路
2012.07.09	国务院	《“十二五”国家战略性新兴产业发展规划》	提出建立健全促进环保产业健康可持续发展的政策措施，确保环保产业成为引领绿色经济的重点支柱产业
2012.06.16	国务院	《“十二五”节能环保产业发展规划》	提出环保产业发展目标、任务、保障措施
2012.12.01	国务院	《服务业发展“十二五”规划》	明确了我国服务业发展的总体要求和发展重点，提出要加快发展节能环保服务业
2013.01.17	环保部	《关于发展环保服务业的指导意见》	明确了环境保护服务业发展的重点工作与推进措施等
2013.08.01	国务院	《关于加快发展节能环保产业的意见》	明确进一步深化发展节能环保产业的主要举措
2014.04.28	环保部	《环保服务业试点工作管理办法》	为环境保护服务业发展营造了良好的政策和体制环境
2016.11.29	国务院	《“十三五”国家战略性新兴产业发展规划》	提出要以科技创新为源头，以产业链和创新链协同发展为途径，培育新业态、新模式，发展特色产业集群
2018.09.26	科技部	《关于科技创新支撑生态环境保护和打好污染防治攻坚战的实施意见》	明确要求加强生态环境领域先进适用技术成果转化推广和产业化，鼓励建立专业化的生态环境技术转移机构，支持协会联盟等开展生态环境技术服务
2018.03.14	水利部	《关于促进科技成果转化的指导意见》	要求加强国家重点研发计划涉水重点专项成果的推广应用，建设水利科技成果推广转化示范区，打造集开发、中试、熟化、成果转化及产业化于一体的科技成果孵化平台
2018.11.23	生态环境部	《关于促进生态环境科技成果转化指导意见》	明确要求构建环境科技成果转化综合服务平台，开展科技成果推广运用并建设科技成果转化示范区
2020.05.11	科技部等九部门	《赋予科研人员职务科技成果所有权或长期使用权试点实施方案》	分领域选择40家高等院校和科研机构开展试点，通过深化科技成果使用权、处置权和收益权改革，形成可复制、可推广的科技成果转化经验和做法

实现转化。而环保产业又是具有一定公益性的政策主导型产业，环保科技成果转化不仅需要政府的推动和扶持，还需要产学研的互动。环保产业融资难、成本高依然是不可回避的话题，随着环保投入的不断增多，我国每年有数万项科技成果面世，但是科技成果转化率却很低。这些成果并没有达到可以向生产转化的成熟度，究其原因，一是高校人才评价体系与创业成果不能紧密结合，不够“接地气”，更偏重所谓“学科前沿”；二是专利等无形资产评估转让以及

知识产权保护体系尚不完善，未遵循市场导向，这成为科技成果转移转化的“瓶颈”；三是平台趋于势、企业趋于利，“势转化为利”需要时间和支持，而“利服务于势”需要胸怀和担当，这种矛盾的解决更需要政府参与、因势利导，将“政产学研用”融合为一体。

2. 科技成果转化与产业化现状

虽然我国专利产出量逐年增加，但是具有实际市场价值的专利少，根据我国科技成果登记系统的统计数据，2007~2012年，我国科技成果稳定应用率为89.2%，成果收益率仅为24.8%，成果技术转让率则更低，只有3.4%。

据国家统计局《2018年全国科技经费投入统计公报》，2018年我国研发经费投入总量达到19677.9亿元，比上年增长11.8%，连续3年保持了两位数增速，延续了“十三五”以来较快的增长势头。研发（R&D）经费投入强度（R&D经费与GDP的比值）为2.19%，比上年提高0.04个百分点，连续5年超过2%，并再创历史新高。我国研发投入强度超过2017年欧盟15国平均水平（2.13%），相当于2017年经济合作与发展组织（OECD）35个成员国中的第12位，正接近OECD平均水平（2.37%）。2005～2018年，国家财政科技拨款逐年上高，由1334.9亿元增长到9518.2亿元，约为2005年的7倍（图2-2）。

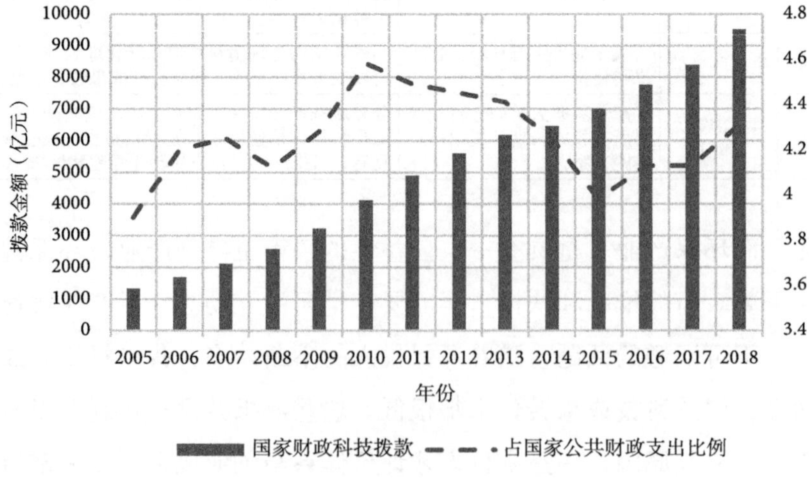

图2-2　2005～2018年国家财政科技拨款及比例

2017年我国专利申请量达369.8万件，比上年增长6.7%。其中，发明专利申请量为138.2件，比上年增长3.2%，占专利申请总量的比重为37.4%；实用新型专利申请168.8万件，比上年增长14.3%；外观设计专利申请62.9万件，比上年下降3.3%（图2-3）。但是，相比研发经费和专利申请的增长，科研成果转化率偏低是不争的事实，科技成果的转化问题一直是有待进一步解决的瓶颈问题。

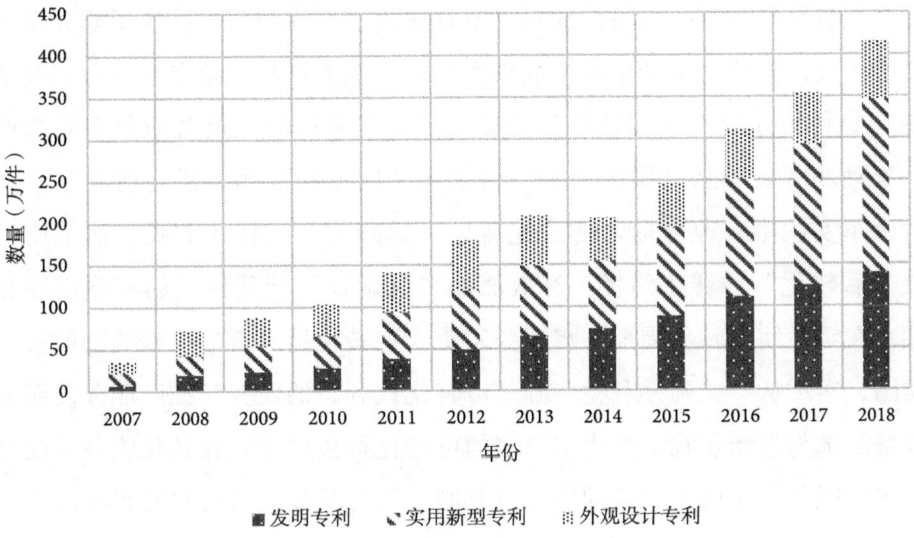

图2-3　我国三类专利申请总量变化情况（2007-2018年）

在企业创新活动方面，2019年全国企业创新调查结果显示，近41%的企业有创新活动，超过8%的企业实现了全面创新；工业企业创新成功率较高，自主研发是最主要的创新形式；规模以上高技术产业创新能力突出，在制造业中具有引领作用；合作创新助力企业提升市场竞争力；员工对企业的认同感、高素质的人才和企业内部的激励措施等是影响创新成功的主要因素；创新政策实施效果基本得到企业家群体的认可。

2.2.2　我国科技成果产业化实践经验

随着创新驱动发展战略的实施和国家科技体制机制改革的深化，传统制约高校成果转化的成果所有权、处置权、收益分配权等制度壁垒已被打破，国内各高校和研究机构根据自身的科研情况和科研成果转化条件开展了不同模式的创新实践。

1. 职务科技成果权属混合所有制模式

西南交通大学从2010年开始就在自身的国家大学科技园进行“职务科技成果混合所有制”改革，以科技成果的所有权为核心突破口，实现了职务发明人拥有所有权，有效地推动了科技成果产业化。职务科技成果混合所有制改革通过既有专利的分割确权和新专利的共同申请明确科研人员对职务发明的所有权，推动职务发明从“国家所有”转变为“国家和发明人混合所有”。在具体的改革实践中，改变通常的“先转化、后确权”的转化方式，而采用“先确权、后转化”的转化路径，有效消除“后确权”转化模式的不确定性和延迟性，大幅度缩短转化周期；将职务发明人在转化后享有的股权奖励前置为产权奖励，实现从“奖励性利益”到“可转化权利”的转变，鼓励职务发明人面向市场需求与生产实践，产生出更多的可转化科技成果；在转化收益分配制度上，实行职务科技成果收益的混合所有制，明确科技人员可对其科技成果采取转让、许可、作价入股及混合实施等方式进行转化，将成果处置收益中的80%赋予职务发明人，充分调动了科研人员的积极性。

通过这一系列的措施，推动科研人员有能力、有动力、有权力转化职务科技成果。截至2018年，西南交通大学职务科技成果分割确权评估作价入股已成立24家高科技创业公司，另有6家公司正在筹备注册，知识产权评估作价入股总值超过1.3亿元，带动社会投资近 8 亿元。其中，西南交通大学衍生创业板上市公司成都运达科技2016年销售收入达4.59亿元。

2. “企业长期投资基础研究+专利转让”校企协同创新模式

北京大学“燕云”的研究起源于国家“973”计划，“燕云”融合资源管理系统成果的转化，开创了企业参与基础研究及专利转让的新模式。2013年初，北大软件所开始尝试“技术+资本”的新型产学研用协同创新模式，支持博士和硕士携“软件定义的云-端融合资源管理技术”创立了北京因特睿公司。作为北京大学系统软件技术成果的转化与创新基地，因特睿公司将该技术转化为“燕云DaaS”系列产品，神州数码控股以此为核心，与北大围绕大数据创新技术及在多领域应用进行合作，促进科技创新和科技成果转化，为城市提供产城人融合的综合治理方案。

在具体的产业化实践中，形成了“企业长期投资基础研究+专利转让”校企协同创新模式。神州数码出资1.1亿控股北京因特睿软件有限公司，通过资本注入，强化其科技成果产业化应用能力。在支持基础科研方面，神州数码出资5000万支持北京大学-神州控股协同创新中心的建设和运营（该中心旨在深入开展网购软件与智慧城市的应用研究和关键技术的开发），支持北大新型软件技术的基础前沿研究、核心技术攻关与系统原型研制。在专利转让方面，神州数码累计出资2.4亿，支付北京大学在网购软件和云计算方面的核心专利普通许可权8000万。目前，“燕云DaaS”系列产品在国家政务信息系统整合共享、国家互联网+政务服务试点、国家安全和国防等重大工程和任务中广泛应用于科技部、工信部、农业农村部等10余个部委和北京、上海、贵州等20多个省（自治区、直辖市）。

3. 衍生孵化的平台模式

科技成果转化脱离以往传统的“技术交易平台”“技术交流中心”“科技大市场”，而把资源完全打通（技术源、资金、人才、各类科技服务），形成一个完整的闭环“平台模式”是近年来科技成果转化的创新做法。中国科学院西安光学精密机械研究所基于硬科技成果转化的衍生孵化模式就是其中较为典型的代表，通过内部孵化和投资，借由硬科技成果和科研人员衍生设立企业进行科技成果转化。

在硬科技成果转化中，坚持研究所“孵化”企业但不“办”企业、参股而不控股的基本原则，在高投入、高风险的前沿关键技术领域，实现产学研深度融合。西安中科创星孵化器有限公司由中国科学院西安光学精密机械研究所联合社会资本发起创办，是从事高新技术产业孵化及创业投资的服务平台，迄今已孵化高新技术企业230余家，其中6家挂牌“新三板”、市值超过200亿元。研究所采取股权激励机制，一方面支持与鼓励科研人员在科技成果转化中持股，科研人员与投资方的股份比例，完全按照市场价值分配，研究所不进行行政干预。另一方面，对于研究所持有股权，西光所建立了“择机退出”制度，坚持不追求投资回报的“最高点”，退出后的溢价收益用于支持更多的新项目。在转化资金方面，采取市场化运营的方式，形成了“研究所—资产公司—孵化器—天使基金”的创新资金生态体系，有效解决硬科技成果转化初期、中期面临的巨大资金资产运用问题。

2.3 我国科技成果转化存在的问题及与国际先进水平的差距

2.3.1 我国科技成果转化与国际先进水平的差异化分析

1. 政策和法律制度保障基础薄弱

我国与科技成果转化密切相关的法律法规主要是《中华人民共和国促进科技成果转化法》和《科学技术促进法》，但是这些法律法规更多的是对科研机构的体制改革问题的规定，没有明确提出建立大学技术转移机构，缺少对大学科研院所知识产权转移的针对性法案，尚未建立有关技术合作及优惠政策等真正的技术转移制度。与我国相比，美国、日本相继就大学科研院所向产业界的技术转移进行了专项立法，都形成了有利于成果转化的法律政策体系和制度环境，具有良好的法律制度保障。

美国将推进技术转移转化作为联邦科研机构的法定功能和义务，《技术转移商业化法》建立了国家实验室技术转移绩效考核机制，并规定每个国家实验室技术转移绩效报告将通过商务部汇总提交给总统和国会。在实验室成果向私营企业转移的过程中，美国一方面通过对实验室放权不断减少对实验室运营者转让成果的限制；另一方面通过《国家竞争力技术转让法》和《国家技术转让促进法》对企业确权，保证参与企业可以获得实验室发明的独占许可并允许技术信息不对外公开，不断加强对企业获取成果权益的保障力度。公共财政投入形成的科研成果，美国联邦政府仅保留非独占、无期限、不可转让的使用权而非所有权。缺乏完善的法律保障体系是制约我国大学及科研院所向产业界进行技术转移的根本性制度瓶颈。

日本技术转移政策出台的特点：一是发现问题及时制定或修订，1998年到2007年出台11部与技术转移相关的法律法规。二是政策之间互相协调一致。例如，2000年颁布的《产业技术能力强化法》允许国立大学教师在大学衍生企业和TLO中兼职，2004年颁布的《国立大学法人法》确认教职员身份为“非公务员型”，可以向TLO出资。“非公务员型”身份进一步为大学教师校外兼职松绑，两部法律协调一致，互为补充。三是与美国一样，技术转移法律法规涉及各个方面，有调整知识产权权属的，如1999年通过的《产业活力再生特别措施法》；有加强技术转移运作的，如1998年修订的《研究交流促进法》。

技术转移本身是一个由各个连通环节组合而成的技术经济循环结构，这个结构的各个部分与细节都需要相对应的法律法规来调整，由于各种技术转移的法律规定分散在各个法律法规文件中，由不同的立法主体制定，其间难免有互相冲突或矛盾的表述，对技术转移的指导与实践会造成直接障碍。因此，我国应该优先制定符合我国国情的专门促进技术转移的主体法律统领我国科技成果产业化的发展。

2. 科技成果转化为现实生产力的效果不理想

目前，我国科技进步贡献率为40%左右，与国外的差距较大。据统计，美国的科技成果转化率达到了80%，居世界第一，其科技创新对GDP的贡献率高达近80%，而且美国大学和研究机构的科技转化收益更高，如斯坦福大学2015~2016年度获得许可收入为9422万美元，并能孵化几十家科技创新型企业。但是，我们现在的很多科技成果只是实验室阶段成果，社会需求面窄，技术尚不成熟，导致企业“接不住、用不了”，只能躺在实验室里睡大觉。

3. 专门的技术转移中介机构缺失

科技中介是国家和区域创新体系的重要组成部分，是各类创新主体的黏结剂和创新活动的催化剂。发达国家普遍设立了专门的技术转移中介机构（TLO）负责技术转移事务。例如，美国劳伦斯·伯克利国家实验室的科技转化之所以取得这么大的成就，与技术转移和知识产权管理部门发挥的巨大作用密不可分。日本自1998年启动TLO创新战略以来，已经在提高科技成果转移比重、加快科技成果转化速度乃至提升区域创新能力等方面收到了明显成效，国外技术转移中介机构的发展值得我国在开展科技创新体制转型中借鉴经验。目前，我国建了不少基础设施，研究开发实力不可谓不强，但由于其创新体系中各主体间缺乏沟通和互动，科研成果产业化过程中的中介机构缺失，没有有效的中介机构把研究机构和大学的研究成果推介到企业，同时把企业的需求反馈到研究机构，导致产业创新效果不强，科技对国家的经济发展没有发挥应有的作用。

4. 合作机制和激励保障体系亟待建立

在CRADA以及DOE的战略伙伴计划（SPP）、NASA的航天法案协议（SAA）等类似机制下，美国建立健全公私合作机制和支撑保障体系。国家实验室和企业之间形成了优势互补、各取所需的高效合作模式，建设“产业友好”（industry friendly）的国家实验室技术转移转化支撑体系。实验室可以获取更多的外部资源，推广科研成果，强化学术影响力；企业则获得应用技术和知识产权，提升市场竞争力和公司估值。例如，联邦实验室技术转移联盟（FLC）要求国家实验室以会员形式参与，共享最新技术信息，FLC承担了技术情报交流和成果信息服务职能，帮助任何有技术需求的企业介绍国家实验室的有关成果和研发项目；NASA于2015年建立“startupNASA”网上平台，让创业公司只需在线申请即可获取NASA旗下实验室的专利授权，而且在公司正式出售产品之前不收取专利授权和使用费。

表2-4 国内外科技成果转化特征比较

类别	美国	日本	中国
发起时间	20世纪80年代	20世纪90年代	20世纪90年代末
代表性法律法规	《杜拜法案》 《技术创新法》	《科学技术基本法》 《大学技术转让促进法》	《中华人民共和国促进科技成果转化法》 《关于促进科技成果转化的若干规定》
科技进步贡献率	80%	70%	40%
技术转移机构（TLO）	国家实验室的专门的技术转移机构	国家级的TLO	校办科技企业，大学科技园，没有专门的TLO
TLO的组织形式	大部分是校内组织，少部分是校外组织	大部分是校外组织，少部分是校内组织	—
TLO经费来源	大学和国家的投入	大学资助资金、教员的投资、会员制会费、产业基础建设资金、专利许可收入等	大学和国家投入
技术成果转化联盟/平台	联邦实验室技术转移联盟(FLC)，“startupNASA”网上平台	知识产权本部	高校间建立的技术联盟
合作机制	合作研发协议CRADAs；DOE的战略伙伴计划（SPP）等	通过TLO进行大学与企业间合作	高校间、校企、校地合作
典型的转化机构	劳伦斯·伯克利国家实验室、麻省理工学院的林肯实验室	东京大学先端科学技术孵化器中心（CASTI）、关西TLO、东北TechnoArch	清华大学、南京大学等高校

2.3.2 我国科技成果转化和产业化方面存在的问题

1. 科技成果转化政策尚未完全落到实处

首先，科技成果转化政策的落地与实施缺乏相应的落实办法与落实力量。为了更好发挥科技进步对经济发展的支撑作用，我国高度重视科技创新和成果转化运用，科技成果转化政策接连出台，但政策的落地需要实施细则和执行的机构（落实部门）。高校对于如何设定或者设立相应的机构、设置对应的职能来落实新的法律框架仍然处于探索阶段，“怎么执行”这一问题并没有解决，存在新的政策难以在地方落实或落实情况不一致的问题，造成了科研人员的获得感与国家颁布政策预期之间的差距。2020年5月发布的《赋予科研人员职务科技成果所有权或长期使用权试点实施方案》虽然对试点高校和研究机构的科技成果转化提出明确的新要求，但当前大多数高校仍未发布相关落实举措，导致有志于学术创业或以其他方式进行科技成果转化的高校科研人员仍处于观望状态。其次，由于缺乏实施细则，导致各级政府、各个部门在成果转化中的利益和目标诉求难以统一，自上而下的政策，往往会出现逐层分解，政策的执行越到底层，其偏移程度越高。再次，我国有关生态环境技术成果转化的配套服务、执行情况和监督等规定，还停留在水利部或生态环境部等部门管理条例的法规和规章层面，导致生态环境成果转化实施中部门法规和国家法律缺乏有效的衔接。最后，生态环境科技成果转化具有长周期、高风险和难定价的特征，当期政策的效应，会由于时间和市场等环境因素的变迁起不到预期的作用。目前，仍缺乏针对生态环境科技成果转化的落实办法和实施细则，无法保障生态环境科技成果转化的长效运行。

2. 科研项目与产业发展衔接不紧密

首先，高校科研课题立项时多是根据参考文献和资料调查来确定研究方向，缺乏市场调研和企业参与，造成科研选题重复，或产出成果实用性差，或偏重于理论难以应用。其次，高校科研多为基础研究项目，经费来源多为国家项目与政府基金，而来源于企业的项目和经费较少，导致科研项目完成后缺乏后续资金投入，未能与环保企业形成有效互动，加之社会资本投资进行成果转化的金融服务体系还未成熟，使大量科研成果无法应用于生产实际。

3. 市场化中介服务体系有待进一步发展

生态环境科技成果要成功转移转化至企业或社会，在技术开发的基础上，需要法律、技术开发、企业管理、市场运营、资本等多方面资源的支撑。科技人员自创企业进行科技成果转化时，在会计、人力、财务、运营、营销等企业管理各方面并没有形成成熟的管理模式，科技企业的核心团队主要由技术性人才组成，这类人员通常并不擅长于这方面的管理，因此，科技类的中小企业仍然需要技术中介服务机构提供相关孵化服务。但是，我国科技成果转化市场化服务体系配套政策不完善，缺乏专业团队的全流程服务，缺乏专业化的金融、法律、知识产权服务团队，缺少围绕专业化技术中介服务机构、技术经纪人等关键问题的具体专项政策配套。导致高校科研成果陷入“研究到论文，论文到研究”闭门循环的窘境，难以走向市场。

4. 科技成果转化风险防控机制亟须建立

科技成果转化全链条上的各个环节都存在着不确定性，每一种不确定性都存在转化风险。例如，由于技术的无形性，技术交易存在极大的风险，一旦技术在交易仍未达成前即被他人获取其核心知识，将大大损害技术供给方的技术权益。目前，缺乏健全的科技成果转化风险分担机制，让参与成果转化过程的各方合理分担可能会发生的风险，导致信任危机，变相提高了科技成果转化的成本。

5. 成果转化资金来源少，融资渠道不畅的问题一直存在

高校获取研究资金的来源和途径，主要以科研团队竞争申报政府各类申报计划或直接承担企事业科研任务为主，政府科技计划项目主要聚焦基础研究和应用研究，对科技成果转化的资金支持仍然存在不足，社会资本促进科技成果转化的氛围还未形成。国家虽然鼓励科技人员创办企业直接转化科技成果、孵化科技型企业，但在科技成果产业化的中后期，政府资金的引导放大效应不能很好地体现出来，高校占股孵化的科技企业往往会受到国资处置保值增值的束缚，错过资本融资的最佳时期，加之管理理念的不同，也会使得外界资本，尤其是风险投资进入高校科技成果孵化存在障碍，从而导致了科技成果转化存在较大的资金缺口，资金短缺，融资难直接导致科研成果转化率严重偏低。

参考文献

[1] 吴中超.“双链融合”应用型大学的产学研协同创新运行机制分析[J]. 宏观经济管理, 2020(4): 44-50.

[2] 陈宝明. 全面深化科技体制改革的路径找寻[J]. 改革, 2018(7): 5-16.

[3] 路秀平. 供给侧结构性改革视域下高校科研成果转化路径研究[J]. 经济研究参考, 2018(10):54-57.

第 3 章　我国生态环境科技成果特点及产业化难点

当前，我国水、土、气、固废等领域的生态环境治理已进入攻坚克难的深水区。除资金投入、管理政策等措施外，科技是生态环境治理最为重要的实现手段之一。因此，厘清生态环境问题的特点、生态环境科技成果的概念和内涵等，对于推动我国生态环境科技成果转化与产业化十分必要。

3.1　生态环境问题的主要特点

环境通常是指以人类生存和发展为中心，可称为人类环境，包括人类赖以生存的自然环境和社会环境，它是一个多相、多元、多介质和多层次的庞大复杂的综合体。所谓生态环境问题，是指由于生态平衡遭到破坏，导致生态系统的结构和功能严重失调，从而威胁到人类的生存和发展的现象。按产生环境问题的原因来分，一般可将环境问题分为原生环境问题以及次生环境问题。原生环境问题的产生一般是人类所不能控制的，而它产生的后果一般也是人类不可预测的，例如由自然界本身固有的不平衡性如火山、地震、海啸、台风等造成的环境问题。次生环境问题则是指由人类社会经济活动造成的不合理利用自然资源而导致的对自然环境的破坏作用[1]。

从生态环境问题具有系统性的特点可以看出，环境问题一般可以分为原生环境问题和次生环境问题。原生环境问题是自然本身的不稳定造成，而次生环境问题又可分为环境破坏和环境污染。环境破坏是指人类不合理地开发、利用自然资源和兴建工程项目而引起的生态环境的退化以及由此而衍生的有关环境效应，从而对人类的生存环境产生不利影响的现象，如水土流失、土壤沙漠化、盐碱化、气候变异等。环境污染是指自然的或人为的破坏，向环境中添加某种物质而超过环境的自净能力而产生危害的行为，由于人为因素使环境的构成或状态发生变化，环境素质下降，从而扰乱和破坏了生态系统和人类的正常生产和生活条件的现象。按环境要素分，环境污染可划分为大气污染、土壤污染、水体污染，显性污染、隐性污染，工业环境污染、城市环境污染、农业环境污染等。按造成环境污染的性质来源分，环境污染又可分为化学污染、生物污染、物理污染、光污染、能源污染等。

从环境问题产生的根源上来看，原生环境问题是由于自然界本身的不平衡性产生，人力无法对其控制，而次生环境问题则是由于人类社会经济活动所造成，根本原因在于人类对自然资源的利用缺乏控制。不管是人类对于自然过量的索取造成的环境破坏，还是人类向自然过量地排放有害物质和能量，都与人类对自然资源的不合理利用有关。总而言之，这些生态环境问题的产生从多性质、多源头的角度来说是极其复杂的[2]。

3.2 生态环境科技成果的定义与内涵

3.2.1 生态环境科技成果的定义

根据2015年修订的《中华人民共和国促进科技成果转化法》的定义，科技成果是指通过科学研究与技术开发所产生的具有实用价值的成果，主要包括三种类型：基础研究成果、应用技术成果和软科学成果。由于基础研究成果和软科学成果通常不能直接带来经济效益，科技成果一般是指应用技术成果，主要包括技术开发所产生的新技术、新工艺、新材料、新产品等。《中国科学院科学技术研究成果管理办法》把科技成果的含义界定为：对某一科学技术研究课题，通过观察实验、研究试制或辩证思维活动取得的具有一定学术意义或实用意义的结果。各行业对于科技成果的划分，大多也把政策、标准等“软科学成果”排除在“科技成果”的范围之外。

但是对于生态环境领域而言，解决实际环境问题的主要途径通常包括工程手段、结构调整和管理手段三大措施，分别产出新技术、新工艺、新材料等“硬技术成果”和政策、标准、规范等“软科学成果”。“硬技术成果”和“软科学成果”相辅相成，缺一不可。2018年年底，生态环境部出台的《关于促进生态环境科技成果转化的指导意见》从生态环境行业自身特点和实际出发，提出生态环境科技成果除了包括污染防治与修复技术成果外，还包括能够产生较大环境效益和社会效益的环境管理技术成果。因此，从广义上讲，在生态环境科技成果转化过程中，能为污染防治攻坚战发挥作用的技术、材料、装备、工程、政策、方案等要素都被视为生态环境科技成果范畴。

3.2.2 生态环境科技成果转化的内涵

《成果转化法》《促进科技成果转移转化行动方案》国家法律和文件对于成果转化的形式及转化过程作了明确的要求，对科技成果转移转化过程中，技术拥有方如何通过技术许可、入股、转让等形式来获得收益进行了详细的规定。其核心思想是企业是成果转化的主体，应按照市场规律来推动成果转化，重点在于利用经济手段考核和鼓励科研人员参与成果转化活动。

生态环境科技成果转化主要目的是利用科技手段解决实际生态环境问题，为人民群众提供更多更优质的生态产品，恢复生态系统服务价值，提升生态环境质量与人们福祉水平。生态环境领域的科技成果转化不能仅依靠企业和市场手段，还有赖于政策的管理与调控。国家相关法律法规从如何产生有效成果途径的角度，对不同类型成果的转化活动过程进行了定义。其中，污染防治与修复技术成果转化主要指通过开展技术评估、技术验证、技术二次开发、技术交易孵化等手段使其形成新技术、新工艺、新材料、新装备、新产业的活动；环境管理技术成果转化主要指进行技术整理、集成与二次加工等后续加工直至形成发布或采用的政策、法规、规划、标准、规范、导则、指南等的过程。

同时，无论科技成果形式是否表现为设备、材料、工程、图纸等物质形式，其最有价值的部分都是无形的科技知识，归根结底，科技成果发挥作用的最关键载体是“人”。而且，生态环境领域的科技成果是随着污染治理和环境管理需求改变而变化的，其发挥作用的渠道是多元而复杂的[3]。

3.3 科技成果产业化全链条的基础性支撑要素与资源

3.3.1 科技成果产业化全链条的基础性要素

科技成果产业化是一个实现成果从技术向商品化产品转变、转移和产业化的多环节协同的链条化系统过程。随着我国创新驱动战略的实施和企业技术创新主体地位的确立，我国科技创业活动日益活跃，科技型中小企业大量涌现。不同领域、不同业态、不同发展阶段的企业在要求创业孵化服务差异化的同时，也要求各种服务在空间上的集聚，形成一个良好的创业生态网络和环境帮助它们快速健康成长。新的发展形势对我国科技企业孵化器的服务能力和水平提出了更高的要求。科技研发及成果产业化过程是由“实验室（小试/中试）、众创/苗圃（产品化）、孵化器（商品化）、加速器（规模化）、产业园（产业化）”等主要环节构成的完整链条（图3-1），全过程依赖于政、产、学、研、用等要素及其资源的不断集聚流动、整合配置与协同发力方能完成[4]。

图3-1　科技成果产业化全链条示意图

在整个链条里，各环节针对不同发展阶段的成果及企业形态，提供差异化服务。其中，对未成立企业的创业团队开展科技成果“选苗”、“育苗”和“移苗”入孵工作；对孵化器内企业提供高水平、高质量的专业化孵化服务；对具有高成长性的企业不仅要“扶上马”，还要“送一程”，鼓励其进入加速器更快成长，从而在一个体系内将各类要素、资源和服务有效集成，形成适应科技成果高效转化、企业快速发展的完整生态链条。

深度剖析科技成果产业化过程的关键要素协同机制与资源配置模式，优化科技成果孵化协同创新的实现途径，是提高科技成果孵化成功率、企业存活率、助推企业发展壮大的关键基础。资源与要素是新企业获得生存和成长的关键，企业资源理论将企业资源定义为其在生产经营过程中所使用到的技术、资金、基础设施等要素；对于科技成果孵化及依托企业来说，孵化资源可分为一般性资源和关键性资源两个维度，一般性资源如工商、税收、政府优惠政策等为降低创业初期运营成本的基本资源，关键性资源指直接有助于新创企业获得增值性能力的服务，如管理咨询、技术、融资、中介推荐服务等；从孵化角度来看，有研究者则认为资源可以分为四类：人力、金融、技术和组织资源。综合相关文献研究，本研究认为孵化资源是在科技企业创业与孵化过程中各类支撑和推动要素。一般地，在当今新的时代背景下，科技成果孵化及产业化过程中主要涉及“政、产、学、研、用、金、介、媒”八大类的资源要素，如图3-2所示。下面将分别针对各要素或资源的作用进行梳理、总结[5]。

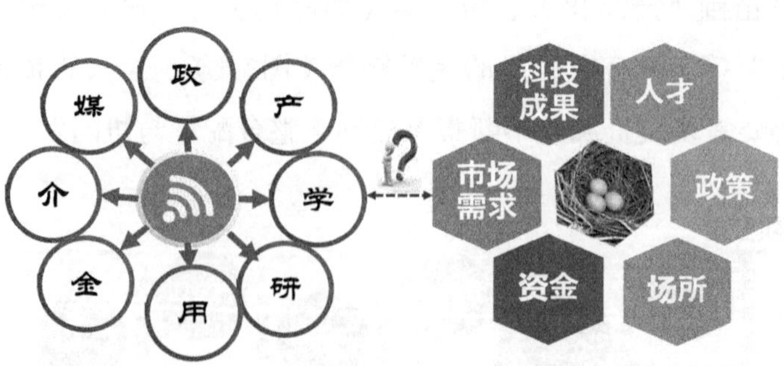

图3-2 科技成果产业化过程涉及的核心要素及资源

（1）“政”是指与政府规划、管理与决策有关的政策导向、政策资源等。政府是推动科技成果孵化发展的制度设计与安排的主体，政府的功能和定位对于科技成果孵化及产业化的成效有显著影响。根据相关理论，政府可以从要素资源配置调节、需求调节和政策设计、战略规划和组织协调、企业的孵化、创新创业制度与政策的供给等多方面引导和推动科技成果孵化。具体地说，政府一是主要通过组织制定和实施与科技孵化相关的发展规划，优先配置资源；二是保证必要的引导支持资金投入；三是促进科研与产业结合，鼓励和支持企业面向市场需求不断提竞争力；四是安排和设计一系列有利于科技成果孵化的制度、政策体系，建立公正的市场秩序与环境。但是，由于成果孵化与产业化转化最终还是以市场化推动为核心驱动力，因此，政府在科技成果孵化过程中又要特别注意角色定位的边界，在遵守经济规律和市场规则的情况下，避免落入过多介入成果孵化经济过程的计划、管理者的角色陷阱。

（2）“产”主要指产业，就是由诸多企业构成的市场主体。企业是市场创新的主体，最具有创新动力。一方面，企业是自负盈亏主体，创新关系到企业在市场中的生死存亡，所以企业最具有创新热情；另一方面，企业是距离市场需求最近的主体，最了解创新方向，也最具有使创新成果转化为现实的内在需要。从科技成果孵化链条来看，一方面，企业的技术需求，产业发展壮大不仅是科技成果孵化转化行为发生的最基本需求动因；另一方面，科技成果孵化本身也是产业发展壮大的一部分。

（3）“学”主要指高等院校。由于体制原因，我国高校无论是在人、财、物等资源基础，还是在创新性科研成果的积累方面，都具有巨大优势，也具有强大的科研创新能力，因此，“学”是成果孵化链条中最主要的科技成果源头，也是科技创新的主要推动和实现者。

（4）“研”是指研究机构。研究结构与高校既有相同之处，如科研资源聚集、科研优势突出等，又在管理体制、研发目的与重点等方面与高校有所不同。但在科技协同创新与成果孵化链条中，研究机构与高校一同扮演了科技创新成果的研发与生产者的角色。

（5）“用”有两层含义。首先是指目标用户，科技成功孵化的落脚点应当放在目标用户的需求上。这就使成果转化有了针对性和实用性。其次，“用”还指应用。实践证明，任何新的技术成果，只有通过应用才能转化为现实生产力，从而为人类社会带来福祉。上述两层含义之间相互联系：目标用户的需求就是成果孵化的目标，满足了目标用户的需求也就实现了科技成果的转化应用。

（6）“金”是指金融、资本要素。金融资本要素在实现科技成果孵化并转化为直接生产力的过程中扮演了相当重要的角色。金融资本要素可帮助科技成果实现更高的价值及使用价值。不过，由于在开发不同阶段的科技成果，其风险与收益特征有所差异，对金融资本的需求及融资方式也不尽相同。一般地，在科技成果前期研发阶段，资金来源更多以政府提供的研究开发经费为主，以自有资金为辅；在形成科技成果孵化以及推向市场端阶段，往往以社会资本支持为主。但现行面临的主要问题在于，大多数科技成果在孵化与转化过程中，面临着产业化难度大、市场不确定性、资金投入周期较长等问题，在一定程度上存在较大的风险，再加上信息不对称等因素，使得金融资本与科技成果匹配成功概率较低。

（7）“介”是指在科技成果孵化与产业化转化过程中，从事技术转移服务的事业、企业、社团和其他依法成立的科技中介机构。科技中介机构以专业知识、专门技能为基础，能够搭建起连接企业、科研机构、高等学校、政府和市场的桥梁，在有效降低创新风险、加速科技成果转化过程中拥有不可替代的优势。西方发达国家大都采取了积极扶持、发展科技中介机构的政策措施，为企业的技术创新提供服务，并在功能上使科技中介机构日趋完善，成为促进科技成果转化的有效工具。目前，我国的技术经纪业仍处于初级阶段，专业人才十分匮乏，科技成果供、需方转化信息不畅通的“瓶颈”问题依然严重。根据不完全统计，目前我国拥有技术经济人协会及服务平台的省、自治区、直辖市总数不到1/3，科研机构与企业之间中介桥梁还远未架起。

（8）“媒”是指信息时代的科技传媒。科技传媒不仅具有传统的综合信息发布，解决信息不对称问题的功能，在科技成果孵化与转化过程中还具有特有的信息化功能、科技成果产业舆论氛围的引导力、公信力、监督力和推动力等特有功能，是促进我国科技成果孵化与转化的重要影响因素。

简言之，各要素在科技成果孵化与产业化转化过程中协调发挥不可替代的作用，但又各有侧重。“政”是科技成果孵化与产业化的政策制定与制度设计的引导者、保障者；“产”是（企业）科技成果孵化与转化的主体，居于主导地位；“用”是科技成果孵化与产业化推广应用的最终目标与导向；“学”与“研”则是科技创新与孵化对象成果的主要来源；“金”、“介”和“媒”则是科技成果孵化与产业化过程的支撑、桥梁与助推者。

3.3.2　科技成果产业化全链条的资源配置需求

尽管“政”、“产”、“学”、“研”、“用”、“金”、“介”和“媒”都贯穿于科技成果产业化的整个过中，但是在链条的不同环节和阶段各要素的支撑重要性却各有不同。不同产业化阶段对资源形态与类型的配置要求也差异显著，各类资源往往以技术链、资本链、人才链、政策链和信息链等资源链的形式贯穿服务于全链条（图3-3）[4]。

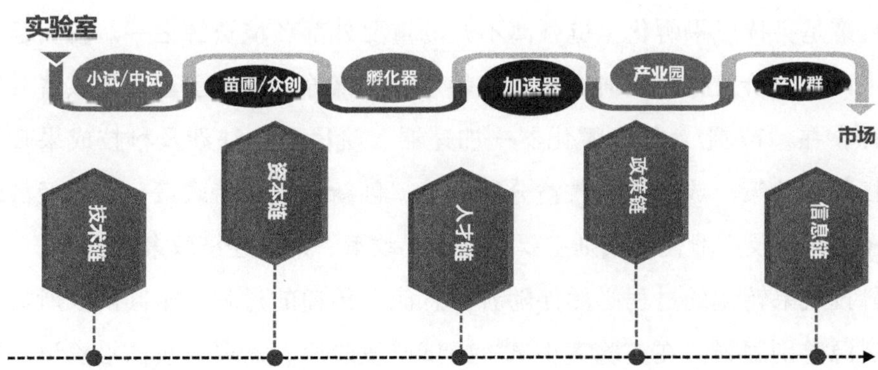

图3-3　科技成果转化过程中的主要资源链

技术资源链在不同环节有不同的资源形态和内涵。在实验室小试、中试研发阶段，技术资源往往表现为技术方案、实验装置、学术论文、技术专利等形态，在“苗圃/众创—孵化器—加速器”阶段，则表现为二次开发与评估、产品样机研制、技术专利转让、产品系列化、标准化和成套化的技术产品或技术商品形态。而在产业园及产业化阶段，技术资源则更多地表现为商品化、市场化、规模化和产业化特征的产品/商品类型。

资本是科技成果产业化全链条各环节都离不开的基础性资源。在实验室小试、中试研发阶段，资本资源主要表现为基础研究经费、科技攻关经费、产品开发经费等。在“苗圃/众创—孵化器—加速器”阶段，孵化企业处于发展的早期和成长期，需要种子基金、天使投资，在产业园及产业化的扩张期和成熟期则需要风险投资、增长性投资基金、并购基金等。

人才资源是科技成果从研发至产业化全过程最不可或缺的核心要素。在实验室小试、中试研发阶段，科学家、研发人员、科技管理人员、研究生等是最主要的人力资源参与者，决定了科技成果产出的最初水平与效率。在“苗圃/众创—孵化器—加速器”阶段，则需要技术专家、创业者、企业家、职业经理人、金融投资者、科技服务者、市场营销人才、创业导师等多种人力资源。而在产业园及产业化时期，则主要需要创业者、企业家、经理人、银行家和法务专家等人才资源。

政策是科技成果孵化全链条离不开的重要外部环境资源之一。在实验室小试、中试研发阶段，科技研发主要有赖于人才培养、人才引进、考核晋升等政策资源，在“苗圃/众创—孵化器—加速器”阶段则往往涉及科技成果政策、发明权归属政策、成果转化收益分配政策、创新创业扶持政策、市场经济政策等。在产业园及产业化阶段则主要受到产业政策、市场经济政策等影响。

科技成果转化的过程必然伴随着信息流动传递的过程。不同阶段所需要的信息资源差别迥异。在实验室小试、中试研发阶段，需要科技前沿资讯、国家和社会科技需求信息、市场需求信息、技术成果信息以及发明专利信息等。在“苗圃/众创—孵化器—加速器”阶段需要产业政策信息、技术产品信息、市场需求信息、资本信息、媒介信息等。在产业园及产业化阶段则主要需求商品信息、市场需求信息等。

3.4 生态环境科技成果产业化的难点与困境

3.4.1 生态环境科技成果转化的特点

一是具有政策和市场双导向性。在市场经济条件下，生态环境科技成果推广转化的动力主要是市场需求，而政府改善环境的政策创造了最大的市场需求，环境质量改善需求倒逼产业升级和治污标准提升，从而带动生态环境技术和设备研发的进步。譬如，在水处理领域，随着国家、行业和地方污水排放标准逐渐加严，污水处理厂普遍面临提标改造的问题，这就为膜处理等深度处理技术创造了巨大的市场。在现阶段污染防治攻坚战的大背景下，推动生态环境科技成果转化的主要目的是解决当前紧迫的生态环境问题，只有符合实际需求的生态环境科技成果才能被更好地有效转化并实现其经济价值，进而推动环保产业的发展。

二是技术体系的集成性与链条的长周期性。生态环境污染防治与修复技术成果转化往往是多个技术的组合转化，是一个工艺包、一个整体方案的集成转化。即使是同一类技术成果，针对不同的应用场景，其发挥作用的效果也会差异比较大。比如，某项针对农村污水的生化处理技术，在南方地区可能应用效果不错，但到了北方高寒地区，因为温度、水质、配套设施等外部环境的差别，就可能发挥不出同样的效果。因此，在技术成果转化之前，需要针对其应用场景的实际情况，进行定制化的二次技术开发，确定工艺参数，形成具体实际的产品或工程。污染防治与修复技术成果转化长周期性的特点，导致该类科技成果转化过程较难。成果从前期实验室产出到转化为真正适用的产品还需要中试、规模化验证、工程化、标准化、产业化等复杂过程，是一个周期相对较长的过程，其中任何一个环节的中断都会影响到整个转化过程。一般情况下，评价生态环境科技成果主要是参考技术投入使用后其环境质量参数的变化。但生态环境污染防治与修复技术从投入使用到发挥作用过程较长，特别是生态修复类技术，环境质量指标的改变和环境质量改善的效果需要一定时间才能显现。

三是转化应用场景的复杂性和差异性。推动生态环境科技成果转化，首先必须明确技术需求方的实际需求。技术需求方对于成果转化应用的场景往往非常复杂，可能是某一项具体应用技术的转让和应用，也可能是一套系统的工艺路线和治理工程，还可能是需要系统地提供一套服务于环境管理的政策、标准或方案。帮助企业制定环境治理解决方案必须是符合企业实际情况的，必须是能有效解决其针对性的环境问题的，这可能体现在治理技术、项目、设备、投融资、专家咨询及解决方案服务等各个方面。其次，技术供需双方应能有效见面并且供需匹配。有效见面是成果转化落地见效的前提。如果供需双方信息不对称，技术供需就很难有效匹配，就会发生信息不对称，甚至无法沟通的情况。供需匹配，即技术供给方提出的技术成果或方案能符合需求方解决实际问题的需要。技术需求方有时候所表述出的需求可能只是环境问题的表象，并不一定是真正意义上的技术需求。譬如，某个地方政府提出黑臭水体治理的需求，水体黑臭只是问题的表象，从问题源头上分析，黑臭产生的原因可能是水体内源污染，可能是水体岸上垃圾未处理，还可能是上游污水处理能力不足等等。要从根上解决黑臭的问题必须首先对黑臭产生的根源进行科学的分析和判断，才能提出有效解决的技术方案[6-8]。

3.4.2 生态环境科技成果转化面临的主要挑战

环保科技成果转化是生态文明建设的内在需求，以水专项为代表的大量环境领域的科技创新成果亟待实现“最后一公里”的转化应用。水专项的相关项目、课题通过国家结题验收后，绝大部分关键技术、成套设备与产品、管理系统平台等科技成果都已经通过了小试与中试验证，以及规模化工程示范应用，具有相对较好的技术成熟度，可产品化与商品化率潜力较高，大多具备了进入成果孵化阶段的基本条件。因此，要实现水专项技术成果的快速转化和产业化，亟待重视、推动水专项成果孵化机制、模式与市场氛围的培育和熟化。

由于水环境问题的普遍性、多样性和复合性，水环境治理与管理技术需求的专业性、有效性和经济性，流域水环境治理效果受制因素的多元性、时效性和反复性，给水专项成果的转化落地与产业化带来了更大的困难与挑战。因此，水专项科技成果转化具有自身显著的特殊性。一是政策和市场双驱动性。水环境管理政策倒逼产业升级和治污标准提升，市场需求推动水专项科技成果推广转化，只有真正符合我国目前水环境治理需求的科技成果才能较快实现其市场价值。二是技术集成性。水环境领域技术成果转化往往是多个技术的组合转化，往往需要多个工艺包与整体方案的集成转化，这对水专项科技成果的集成性和系统性提出了要求。三是周期长。水专项科技成果从产出到转化要经过科技研发、工程化、商品化、市场化和资本化等多个环节，成果转化周期较长。基于此，目前水专项科技成果转化还存在以下几个方面亟待突破的难题。

一是科学化的成果转化技术评估方法及平台缺失。目前，对专项科技成果的评估仍然沿袭传统的专家评审，主观性较强，难以完全真实反映科技成果的市场潜在价值和经济技术水平。

二是针对市场化需求的二次研发不够，产品化和商品化存在短板。面向目前我国水污染治理与管理的产业化市场需求开展的二次产品化与商品化开发工作远远不够。大量水专项技术成果研发者缺乏技术产品化二次开发的内在动力，导致相关成果处于“休眠”状态，未进入孵化阶段。

三是适合水专项成果的环保类技术交易市场尚不成熟，缺乏有活力的专业型环保科技中介。现有交易平台基本功能单一，缺乏完整的环保技术市场服务体系，服务定位不明确，缺少对成果深层次的专业评估，交易的安全性和规范性无法保证。

四是金融服务体系不健全，成果转化缺乏持续资本驱动力。对商业银行、金融机构和财政支持创新的微观引导力度不够，缺乏完善的金融服务体系支撑，导致水专项科技成果转化的后续推动力不足。

五是供给与需求脱节或不对称现象普遍，产学研用机制亟待完善。由于高校和科研院所的考核机制与导向问题，科研成果往往不能与实际环境治理需求和企业技术治理需求实现“无缝”衔接，跟生产实际与市场需求脱节严重，加大了水专项科技成果的转化难度[9-11]。

参考文献

[1] 傅伯杰, 陈利顶, 于秀波. 中国生态环境的新特点及其对策[J]. 环境科学, 2000(5): 104-106.

[2] 马兰天. 关于自然资源利用与环境问题的思考[J]. 国土资源, 2019(6): 36-37.

[3] 付军, 任勇. 推动生态环境科技成果转化的对策研究[J]. 中国环境管理, 2019, 11(5): 11-15.

[4] 刁维萍. 找准环保科技成果转化的创新着力点——以水专项科技成果转化应用为例[J]. 环境经济, 2021(1): 54-55.

[5] 杨希雄. 打通技术要素体制机制梗阻促进高校科技成果高效转化[J]. 中国科技产业, 2021(2): 9-11.

[6] 卢学强, 付军, 赵晨钰, 等. 生态环境科技成果转化促进政策模式与路线图研究[M]. 天津: 天津大学出版社, 2020.

[7] 胡清, 高菁阳, 王超, 等. 生态环境科技转化与产业发展融合之路探索[J]. 中国环境管理, 2020, 12(6): 7-12.

[8] 科技日报. “政产学研金介用”协同创新破科技经济“两张皮”[EB/OL]. http://www.nipso.cn/onews.asp?id=38588. 2017-11-08.

[9] 任勇. 构建生态环境技术服务体系的基本定位与主要对策[J]. 中国环境管理, 2020, 12(3): 5-11.

[10] 石琦, 钟冲, 刘安玲. 高校科技成果转化障碍的破解路径——基于“职务科技成果混合所有制”的思考与探索. 中国高校科技, 2021(5): 85-88.

[11] 元浩宇, 杨晓瑜. 科研机构在环保产业化过程中的总体策略研究[J]. 中国资源综合利用, 2021, 39(3): 134-136.

第 4 章　淮河项目的全链式产业化模式创新

4.1　淮河流域水专项任务设置和取得的研究成果

淮河是我国七大江河之一，流域面积达27万km^2，以仅占1/36的国土面积，创造了全国1/8的GDP，承载了1/7的人口，生产了1/4的商品粮食，是我国最重要的粮食主产地区之一。改革开放以来，随着城市化和工业化进程的不断加快，淮河流域水质急剧恶化。至20世纪90年代，淮河水污染问题十分严重，曾多次发生引起国内外广泛关注的重大突发性水污染事故。党中央、国务院高度重视淮河流域水污染防治工作。1996年6月29日，国务院批复了《淮河流域水污染防治规划及“九五”计划》，淮河被列入国家“九五”“十五”重点治理的“三河三湖”之首。“九五”以来，经过国家和地方各级政府以及全流域人民的共同努力，淮河水污染治理取得了明显成效，但是远未实现预期目标，2005年淮河流域86个地表水国控监测断面中，劣Ⅴ类水质断面比例达32%。究其根源是淮河水污染治理措施大多为“头痛医头、脚痛医脚”，在流域层面缺乏创新性整体治污思路，局部分散的治理行为难有成效和显示度，不仅收效甚微，而且造成人力、物力、财力的重复和浪费。随着我国中原城市群崛起、国家粮食生产核心区建设等一批国家战略的实施，淮河流域面临的水污染形势更为严峻，治理需求更为迫切。

在“十一五”启动之初，水专项就把淮河列为重点治理的典型河流之一，基于淮河“闸坝众多、污染重，基流匮乏、风险高、生态严重退化”等典型特征，重点针对淮河流域水资源时空不均及严重短缺、农业面源及伴生行业污染问题突出、入河污染负荷远超河流纳污能力、河流多闸坝及水生态系统退化严重、水生态功能分区与水质目标管理尚未衔接、流域水循环健康体系亟须建立等关键问题，水专项制定了污染源、河道、管理与流域综合调控的“点—线—管—面”综合施治路线，选择淮河污染最重支流沙颍河为重点综合示范区，开展“大科学”、“大集成”、“大示范”与联合攻关。在“点”上，集成与验证城镇污水高效脱氮除磷与再生回用、污泥资源化、农业伴生典型工业废水污染全过程控制与毒性减排、“种—养—加”农业废弃物循环利用等关键技术，形成系列化、规范化、标准化技术与装备，实现“控源减排”关键技术整装成套与产业化推广应用；在“线”上，集成与验证基流匮乏河流生态强化净化、多闸坝重污染河流水生态修复、轻度黑臭河流生态恢复、闸坝型河流生态完整性评价等关键技术，形成系列化、规范化的多闸坝重污染河流生态治理成套技术及装备，实现“减负修复”关键技术整装成套与规模化推广应用；在“管”上，建立差异化水质目标管理技术体系，建成业务化运行的流域多目标智能管理平台；在“面”上，创新提出并实践了基于“技术研发—成果孵化—联盟集成—平台推广—机制保障”的全链式成果产业化模式，突破了专项成果转化应用的“最后一公里”，打通了水专项科技成果从“书架”走到“货架”的产业化路径。通过十余年的艰苦努力，水专项淮河项目已累计突破关键技术120余项，申请或授权国家发明专利230余项，获得软件著作权30余项，出版专著10余部，制定标准/规范/指南等20余项。项目累计建成示范工程72项，推广应用工程300余项，建设河流生态净化与修复示范工程150公里以上，直接推动了淮河流域重污染支流沙颍河水质的根本性好转。

“十一五”以来，在淮河流域豫皖苏鲁四省GDP同比增长300%和城镇化率同比增长15个百分点的大背景下，通过中央和流域地方政府、社会企事业单位以及数以万计的广大科研工作者等各方坚持不懈的共同努力，淮河流域水污染治理取得显著成效。沙颍河入淮河干流的COD、氨氮等指标由地表水劣Ⅴ类提升至Ⅲ~Ⅳ类，沙颍河对淮河干流污染负荷贡献从1/3降至1/5，2020年沙颍河流域国控断面Ⅰ~Ⅲ类优良水质比例达84%。淮河流域国控断面Ⅰ~Ⅲ类优良水质比例由2006年的26%提升到2020年的78.9%，劣Ⅴ类水质从2006年的30%改善到2020年完全消除，2020年淮河水质历史性转变为“水质良好”。然而，虽然淮河流域水质整体已呈现持续改善局面，但是部分支流仍水质不达标、河流生态受损严重、水环境安全隐患多等问题依然十分突出，与国家未来治理目标仍有不小差距，淮河流域水污染治理工作仍面临严峻挑战，迫切需要把水专项科技成果转化为淮河流域实际治污能力与环保产业增长动力。

4.2　水专项成果产业化的不确定因素和市场风险分析

淮河流域环保产业基础相对薄弱，创新能力明显不足，特别是流域上游河南和安徽省的环保装备制造业、高端环保服务业均明显滞后，环保产业规模整体偏小，缺乏大型龙头企业，创新要素投入不足，成果转化与产业化创新能力薄弱。因此，如何通过创新科技成果转化与产业化模式，推动水专项成果应用推广到淮河全流域的水污染控制与治理工程以及各级地方政府水环境管理工作中，是一个亟须重点突破的关键瓶颈。但是，目前我国还没有建立完善的科技成果转化体系来推动环保科技成果转化和产业化，也缺乏成熟的产业化模式或经验借鉴。

水专项科技成果经过在淮河流域水环境治理实际工程得到示范应用后，一般都达到研发阶段所预期的有益效果，便可以建立专业化、规模化、集约化的生产基地和营销途径，再通过企业化的运作进行商品化生产和市场化推广，最终占领市场份额，取得企业的经济效益，这是水专项成果产业化的基本过程。但是，水专项成果转化与产业化通常受三个条件影响（成果条件、生产条件、市场条件），而上述条件均与产业化平台密切相关。目前科技成果研发与转化主要通过两个模式实现，一种是技术转让模式，另一种是联合开发模式。然而这两种模式存在三个不确定因素，导致科技成果产业化过程中出现“死亡鸿沟”。

（1）需要开展大量的二次研发工作。水专项成果尽管经过若干工程实践，但是区别于普通商品，水专项成果（技术、装备、管理体系）在进入商品化生产之前，依然存在不同程度的设计缺陷与成本控制问题需要解决。二次研发阶段不仅经费与人力投入较大，且从投入到产出的周期也很长，因此如果没有社会资本和企业的加入，其产业化的进程将会被延缓，甚至停滞。

（2）产业化实施主体目标意向不统一。虽然企业和高校/科研院所采取合作研发和产业化推广模式，但在实际操作过程中，不仅高校/科研院所与企业在成果转化的态度和行为上难以统一，且两者之间的目标利益也不完全一致。课题承担单位（高校、科研院所）强调成果创新及对学科建设的贡献，而企业更注重成果转化与产业化的市场前景与经济效益。因此，传统产学研合作方式难以将不同阶段的创新成果与实施主体在转化与产业化过程中有机融合。

（3）成果条件不充分。能否进入商品化生产以及生产后能否占据一定的市场份额，难以有效预期。因此，企业投资方很可能会因为考虑投入风险问题而压低成果转让估值。而成果研发方由于前期投入大量的人力、物力与财力，因此对成果转让估值的期望值很高。从而导致双方主观上难以在成果转让估值上达成统一意见。

科技成果产业化是一个复杂的社会系统工程，转化转移的过程路径长，产业化过程中涉及的主体很多，主要有拥有科技成果的科研单位、科技成果需求方、科技服务组织、政府、金融机构，科技成果推广过程中都起着重要作用。水专项实施以来，科研院所、高等院校以国家重大需求与问题为导向，进行新技术、新材料及新装备的研发与示范，但是水专项科技成果在产业化和市场化过程将普遍面临以下市场风险。

（1）重视技术导向策略而漠视商务营销效应。由于水专项技术成果的研发主体大多为高校、科研院所，因此在产业化过程中很容易延续前期技术研发的思路，惯性认为成果的技术优势是决定产品在市场取得成功的唯一因素。另一方面，缺乏专业技术支持的客户很难对复杂且更新较快的环保技术产品做出正确选择，从而导致环保市场真实需求难以预测。在研发与应用阶段，水专项主导力量是高校和科研院所，企业担当的角色主要是配套示范工程。但到了产业化阶段，企业应该转化角色，要积极发挥生产和营销的主导作用。

（2）市场竞争的核心是“事实行业标准”，被市场接纳为事实行业标准的产品可以垄断市场。例如，传统的活性炭、聚合铁/铝混凝剂、离子交换树脂等材料，以及芬顿氧化、生物滤池等工艺设备由于已经形成了事实行业标准，客户在应用采购时有比选的依据，是水处理领域占有量相对大的技术产品。然而，水专项技术成果作为新开发出来的技术产品，如新型吸附材料、催化材料以及相关的工艺设备，虽然已经通过中试验证并建立了示范工程，但还未能形成事实行业标准，客户在应用时缺乏比选依据，短时间内很难成为市场主流产品。

（3）虽然市场竞争和技术演进过程中的主导是“优胜劣汰”，但也存在着“劣胜优汰”的复杂情形。某项技术虽然不是最好的，但其市场竞争策略高明或先期占有较大的市场份额使其成功占领了市场，从而极大地增加水专项技术成果拓展市场份额的难度。此外，新技术对于配套工艺设备、人员操作都有着更高的要求，这也在一定程度上增加了新技术产业化推广的难度。例如，电催化氧化和臭氧催化氧化取代传统的芬顿氧化工艺，对工艺条件和安环措施提出更高要求。

4.3　基于“技术研发—成果孵化—联盟集成—平台推广—机制保障”的全链式成果产业化模式创新

针对淮河流域水污染治理关键问题与环保产业发展需求，在借鉴国内外科技成果产业化成功经验的基础上，淮河项目以水专项科技成果为核心，积极探索了生态环境成果转化与产业化机制，创新提出并实践了基于“技术研发—成果孵化—联盟集成—平台推广—机制保障”的全链式成果产业化模式。该模式主要由新型研发机构、科技孵化器、产业技术创新联盟和产业化平台所构成。其中，新型研发机构主要职能是“以研发为产业，以技术为商品”，从水专项淮河项目中筛选有产业化潜力成果进行产业化二次研发，着重提高技术的稳定性和经济性，研制出真正有市场竞争力的商品化产品装备，再有偿转让或转移进入产业化推广；科技孵化器的主要职能是提供专业化的科技孵化服务，提高水专项成果转化效率以及科技创新企业成活率；产业技术创新联盟的职能是通过联盟集成创新，把单一的水专项成果科学、高效地融合到产业化链和技术链中，形成高水平的整体解决技术方案，解决单一技术无法在实际工程中推广应用的瓶颈问题，极大提高水专项成果的市场接受度和认可度；产业化平台的主要职能是把技术人才、工程人才和市场推广人才进行有机组合形成市场化、专业化人才团队，实现“政-产-学-研-用-金”六位一体有机融合和无缝对接。

第5章 淮河项目成果产业化二次研发典型案例

水专项创新主体以高校和科研机构为主，技术成果也主要归属科研院所单位，企业参与程度有待进一步提高。例如，2015年水专项发布的《水污染防治先进技术汇编》收录的283项优秀技术成果中，成果所有者为企业的仅占10%。我国高校和科研院所对科技成果的评价大多重视专利、论文、专著、鉴定成果和评奖等量化指标，对技术成果转化和产业化缺乏驱动力，使得相当部分成果难以突破产业化“最后一公里”，只能停留在研究报告阶段束之高阁，未能转变为可市场化推广的技术产品或商品。水专项大多数成果在项目周期内仅完成机制原理研究到原型机的“中试阶段”甚至“实验室”阶段，对产品和装备的经济性、长期运行稳定性、使用操作简便性等方面缺乏深入研究。与市场上的成熟产品相比，水专项技术产品大多缺乏在实际工程长期运行的稳定性和可靠性，加上企业与科研机构之间的渠道不畅，难以成为环保企业或用户的首选。经济成本与技术成熟度也是地方管理部门在选择治污技术时主要考虑的问题。然而，部分工程示范技术只关注环境效益，很少“算经济账”，运行成本相对较高，未考虑当地经济发展水平，难以转化为可市场化的产品和装备或转化的潜力低。同时，地方部门和业主单位在规划治污工程通常采用比较成熟的技术与装备，对水专项研发的创新技术使用谨慎，使得专项成果难以大规模产业化应用推广。

“十一五”以来，针对淮河流域水环境治理关键问题，水专项已在典型工业废水资源化与无害化处理、城镇和农村生活污水深度处理与回用、河湖水生态修复、水质在线监测仪器等方面研发了一批关键技术与产品装备，并进行工程示范应用，得到用户企业和地方政府的认可。在此基础上，“十三五”水专项以淮河流域的“水十条”治理目标为导向，筛选具有产业化前景与潜力的水专项关键技术成果进行产业化二次研发，兼顾技术先进性与工程应用经济性，研制可产业化推广应用的典型工业废水资源化与无害化处理、城镇和农村污水高效脱氮除磷处理、河湖水生态修复和水质在线监测等方面的国产化成熟技术与产品装备，形成技术的规范化和装备的标准化，推动水专项成果大规模产业化应用。

5.1 典型工业废水资源化与无害化技术和装备二次研发与产业化推广

5.1.1 双循环厌氧反应器

针对复杂多变的高浓度工业有机废水治理难度大、能耗较高等问题，以“十二五”水专项研发的国产化厌氧反应器为二次研发对象，研制出适用于高浓度有机废水的标准化双循环厌氧反应器。①采用CFD等流体力学软件模拟厌氧反应器内部流体三维运动情况，重点优化反应器布水方式及双循环系统设计，同时采用“沼气发电机组—污水源热泵加热系统”技术对厌氧产生沼气进行能源利用。②通过建立双循环IC厌氧反应器动力学模型并考察了酸相、产甲烷相两阶段运行情况，探明了反应器的快速启动调试周期（快速启动期约30天）和高负荷条件下典型的酸化影响情况和特征，并提出了pH早期介入调控方法快速恢复厌氧反应器的启动。③明确了双循环IC厌氧反应器总体制备及原材料检验把关要求，提出了核心部件三相分离器制备和布水系统设计制备要求，确定了装备应用性能要求，编制形成了设备企业标准《新型高效双循环厌氧反应器》（Q/320902NDY007—2019），规范了设备生产制造过程中的质量控制要求。④通过规范双循环IC厌氧反应器装备的调试运行过程，达到“硬件+软件”

相匹配融合，解决了以往“重设备、轻运行”的技术与管理漏洞，提高其推广应用的用户体验感受。该标准化双循环厌氧反应器已推广应用工程5项，已为19家企业或地方政府提供技术服务或技术支持，涉及医药、淀粉加工、发酵、印染等工业行业，对高浓度工业有机废水COD去除率达70%~90%，反应器容积负荷可达8~20 kg COD/(m^3 · d)；装备投资成本为2500~4000元/吨水，运行成本为0.3~0.6元/吨水。

5.1.2　微气泡臭氧催化反应器

针对传统臭氧催化氧化反应器效率低、运行成本高等问题，以“十一五”及“十二五”水专项研发的臭氧催化氧化反应器为对象，研究了反应器内气液固三相传质强化过程，开发出高效能的气泡破碎器、研制形成了标准化的臭氧催化反应器。①通过考察催化剂粒径、液体流速对液体压降的影响，确定催化剂粒径为3 mm左右和催化剂床层为600~800 mm为优化设计参数。初始气泡直径能够影响相界面积及体积传质系数大小，是决定气液宏观反应速率的核心因素，当初始气泡直径逐渐减小时，体积传质系数逐渐增大；当小于1 mm时，体积传质系数随初始气泡直径的减小以类似于指数形式较快增大，因此，尽可能地减小初始气泡直径，以强化气液传质并最终增大宏观反应速率。②利用水力动力学耦合机械破碎原理，开发出高效能的气泡破碎器，可使大气泡破碎成微米级气泡，获得适宜的气液比和微米级气泡群，保证较大的气液相界面积，实现气液传质与反应的强化。③针对催化臭氧反应器塔体及气泡破碎系统开展标准化研究，编制形成了企业标准《多尺度非均相催化臭氧氧化废水装备》（Q/320900NDHX002—2020）和《协同-超细气泡非均相臭氧催化氧化废水装备》（Q/320902NDY006—2019）。反应器装备已推广应用在江苏、江西、内蒙古等省（自治区）化工、印染、农药等行业废水毒性削减及深度处理工程6项，为11家地方政府和企业提供了技术支撑。微气泡臭氧反应器在处理九江中佳实业有限公司染料废水时，可将生化尾水COD 340 ~ 400 mg/L处理稳定至160 mg/L以下，B/C由0.14提升至0.35，运行成本为5.11元/吨，“臭氧+BAF”工序出水稳定达标排放。

5.1.3 光电催化重金属废液处置装备

针对现有光电催化系统电极易钝化、重金属回收率低、磷无法同步回收等问题，以“十二五”水专项研发的光电催化技术工艺为对象，通过二次研发，研制出标准化的光电催化装备。①制备了兼具光催化和电催化活性的TiO_2/Ni-Sb-SnO_2双功能电极，光催化一侧为孔径为60~90 nm的TiO_2纳米管阵列，其纳米管状结构可使光生电子快速到达表面，大幅度提高了电极的催化效率，与传统TiO_2涂层电极相比，对废水中络合态重金属氧化效率提高了52%。②优化了光电催化反应器结构，通过旋转阴极的方式提高反应体系传质效率，在转速为100 r/min时，铜、镍等重金属回收效率提高25%~32%。③开发了光电芬顿技术，实现了化学镀镍废液等废液中次/亚磷酸盐的高效氧化，对次/亚磷酸盐氧化率达99%，磷回收率达80%以上。依托该技术成果，孵化了知习科技（重庆）有限公司，编制形成了企业标准《光电催化重金属废液处置装备》（Q/500106ZXKJ001—2020），光电催化反应器在广东省和重庆市建成推广应用工程7项，为26家地方政府和企业提供了技术支撑。重庆潼南巨科环保电镀园区推广应用工程运行结果表明，装备对废液中重金属络合物氧化率达95%，重金属回收率达91%，回收的铜、镍等重金属纯度达94%。

5.2 城镇和农村生活污水深度处理技术和装备二次研发与产业化推广

5.2.1 多点进水多级A/O耦合改性硅藻土絮凝吸附处理技术

针对常规工艺处理高氨氮、低碳氮比生活污水时易出现氮磷超标的问题，以“十二五”水专项研发的多点进水多级AO工艺为二次研发对象，研发了多点进水多级AO与改性硅藻土絮凝耦合的水处理集成技术，编制了技术工艺的标准化设计图册和复合絮凝剂的企业产品标准。①重点研究了不同曝气量、C/N比、曝气方式、水力停留时间、进水流量分配、污泥回流等核心工艺参数的最佳条件和系统集成优化，编制形成《多点进水多级AO活性污泥法污水处理工程技术规范》，对技术工艺的适用范围、设计流量和设计水质、主要设备设计安装等方面内容进行规范；②以硅藻土为主要原料，聚合氯化铝和聚合氯化铁为辅料，开发出复合絮凝剂，编制形成《复合絮凝剂SAF》（Q/HNGL01—2020）企业标准。研发单位郑州大学与上市企业河南泽衡环保公司共建了产学研联盟，推动多点进水多级A/O耦合改性硅藻土絮凝吸附集成技术与产品在新郑、许昌、荥阳等地建成推广应用工程6项。与传统AO法相比，该技术的池容减少20%以上，运行费用降低30%左右，吨水费用小于0.3元，工程出水稳定达到一级A标准。

5.2.2 新型泥膜耦合脱氮除磷一体化装备

针对传统A^2O活性污泥法抗冲击负荷能力弱且出水磷难以低于0.5 mg/L等问题，在“十二五”研发的A^2O脱氮除磷处理装备基础上，通过二次技术开发，研制出基于A^3O工艺的新型泥膜耦合脱氮除磷处理标准化装备。①在A^2O工艺前端增设缺氧池，形成A^3O工艺，去除回流泥膜中的硝酸盐及溶解氧，强化释磷池聚磷菌释磷能力，大幅度提高好氧超量吸磷，碳源充足时无需化学除磷。②创新性把仿生载体投加到活性污泥系统，使活性污泥和载体表面生物膜协同共生，形成泥膜脱氮除磷处理工艺，成功解决了硝化菌与聚磷菌因世代周期不同所需排泥周期不同而产生的泥龄之争，比传统单一活性污泥法或生物膜法的抗冲击负荷能力提高40%；碳源充足时无需化学除磷，突破了传统生物出水总磷难以低于0.5 mg/L的难题。③开发了“侧流活性污泥发酵（S2EBPR）”配套工艺，将污泥水解发酵液回流至预脱硝池以补充碳源，减少甚至无需外加碳源情况下达标排放，污泥减量60%以上。④通过水力学流态模拟、局部正压供气及结构优化设计，使系统内污水流态为螺旋弹簧状，显著增加反应沿程距离和减少反应死区，有效空间利用率比传统装备提高15%~20%。⑤开发了微动力恒流气提装置，精准控制污泥、硝化液回流，消除了传统气提装备的脉冲式波动。⑥开发了微动力气提排渣装置，解决了沉淀池浮泥浮渣影响出水问题。针对不同类型村镇需求，分别研制了单套规模为15吨/天、30吨/天、60吨/天、100吨/天、150吨/天、200吨/天的模块化装备，组合可达3000吨/天的规模，编制形成了《一体化A^3O泥膜耦合脱氮除磷成套技术装备》（Q/HQHB003—2019）、《村联户级泥膜耦合污水处理装备》（Q/HQHB004—2019）和《新型泥膜耦合脱氮除磷工艺技术规范书》等标准规范，建成了标准化模块装备生产基地。标准化装备已在安徽省、山东省、福建省等多省市村镇污水处理工程上推广应用200多台套，装备投资成本为3000~5000元/吨水，运行成本低于0.5元/吨水，出水可达到《城镇污水处理厂污染物排放标准》（GB 18918—2002）一级A标准。技术成果入选国家工信部《环保装备制造行业（污水治理）规范条件》，参编了国家标准《成套生活污水处理装置》、国家标准图集《小型生活排水处理成套设备选用与安装》（图集编号：19S707）、国家住建部标准定额研究所颁布的《给水排水产品系列标准　乡村建设应用实施指南》（ISBN：9787112254453）等国家和行业相关标准指南，推广工程入选“2018年度中国乡镇污水处理优秀案例”。经第三方评价认定，A^3O泥膜耦合脱氮除磷技术达到国际领先水平，获得2020年安徽省科学技术进步奖二等奖。

5.2.3　腐殖填料复合生物滤池

针对分散式农户生活污水处理需求多变、施工边界条件复杂等难点，以“十一五”及“十二五”水专项研发的腐殖填料生物滤池技术为二次研发对象，研制出适用分散式农户生活污水处理的复合腐殖填料生物滤池模块化装备，编制形成了装备企业标准及其应用技术规范。①研制出专用颗粒腐殖填料，有效解决原先散装腐殖填料普遍存在的沉降和易堵塞问题，最大限度地保留了腐殖填料中有机质和土著微生物种群，而且颗粒腐殖填料易再生和重复使用。②开发了粉煤灰基专用颗粒除磷填料，填料使用寿命达一年以上，取代了化学絮凝除磷工艺流程，更换的填料可用作盆栽基质实现资源化利用。③利用生活垃圾废塑料加工的再生材料，采用正方形模组单元和卯榫拼装技术，研制出模块化装备，解决了方形结构成形难题，节省装备生产成本；单个模块质量小于0.6吨，在交通条件不便的工程现场仍可利用简易小型起重设备吊装就位，安装速度快，适应复杂边界条件能力强，满足了分散式农户不同处理规模多变需求时灵活组合。④研制小水头二级重力配水系统，实现小水头均匀配水，可以降低配水峰值流量，减小流量冲击负荷的负面影响。⑤创新设计了模块化设备箱体的侧壁内置式通气系统，开发试制了中空结构异型侧板组件，既能提高侧板抗变形的能力，又能构建通风和表面负荷分流的工艺通道，节约了通风系统构建额外成本，利用自重实现上下模块衔接与自密封解决装备漏气等问题。通过二次研发，编制形成了《MHF工艺模块化装备产品标准》（Q/NJKR-J-06-02-2018）、《MHF工艺处理生活污水工程技术标准》（Q/KR-00-001-2018）和《MHF工艺模块化装备技术规范》（Q/NJKR-J-01-04-2018）。标准化装备由南京柯若环境技术有限公司在湖北、江苏、重庆等省市10余个村镇建设生活污水处理推广应用工程10项，为16家地方政府及企业提供技术服务，技术入选联合国环境规划署“污水处理技术转移南南合作伙伴项目”推荐技术。

5.3 水生态修复工具种繁育技术和种植器二次研发与产业化推广

5.3.1 生态修复工具种产业化繁育技术

随着国家对生态文明建设的日益重视，大量河湖生态修复工程全面实施，生态修复工具种的市场需求日益增大。针对传统工具种繁殖方法速度慢、效率低，生产占地面积大，产品质量参差不齐，难以满足大规模市场需求等问题，以“十二五”水专项研发的工具种扩繁技术为二次研发对象，研发了规范化的沉水植物工具种扩繁与产业化生产技术。①优化了芽诱导与根诱导培养技术关键参数，通过研究光质和光周期对组培苗品质和数量的影响，发现红色光质和每天保持12小时光照时间是保证轮叶黑藻组培苗扩繁品质的关键参数。②针对培养基成本高、难以规模化生产的问题，优化了培养基成分配方，降低成本30%以上。③通过组培苗的生长曲线特征来确定组培苗的最佳炼苗期和移植期，提高了组培苗在工程化应用过程的成活率。在此基础上，编制形成了《沉水植物种苗规模化扩繁技术规程》，并以中国环境科学学会团标的形式发布；在江苏省常熟市南湖和北京市顺义区分别建立了生态修复工具种产业化生产南方基地和北方基地，产业化生产规模达5万株/年以上，生产的工具种已在北京、浙江、河南、江苏等省（直辖市）水生态修复工程推广应用6项，种苗成活率均在90%以上，为17家企业和地方政府提供了技术支撑。

5.3.2 生态修复工具种种植器

针对河湖水生态修复工程中水生植物种植人工强度大且成本高、易出现种苗漂浮现象、种苗种植成活率低等问题，以沉水植物机械种植为目标，研制了标准化的便携式与机械式沉水植物种植器装置。①针对湿地或者水位较浅河道修复工程，开发了便携式沉水植物种植器，可同时装载多个种植筒，使植物轻松种入底泥中，解决了种苗漂浮问题，节约人工30%以上，植物成活率达到90%以上。②针对水位较深或者人工难以操作的河湖库修复工程，开发了机械式沉水植物种植器，整个种植过程完全自动化控制，只需要一人控制即可完成，具有机械化程度高、操作简单安全的优势。技术研发单位与合作生产企业建立了种植器设备加工生产线与组装平台，编制形成了《便携式沉水植物种植器企业标准》（Q/HRJWZY0001—2018）和《机械化沉水植物种植器企业标准》（Q/HRJWZY0001—2019）。沉水植物种植器装备已在北京、河北、河南等省（直辖市）的生态修复工程上推广应用5项，为17家以上地方政府和企业提供了技术支撑。

5.4　体积排阻色谱联用型有机氮检测仪器和紫外荧光水质分析仪器二次研发与产业化推广

5.4.1　体积排阻色谱联用型有机氮检测仪器

当前常用有机氮（DON）检测方法是基于差减法，即总氮（TN）与无机氮（DIN，硝态氮、亚硝态氮和氨氮）之间差值的间接测定方法。其中，总氮和无机氮检测需要采用不同分析方法和仪器设备。当水样中DIN/TN>0.6时，有机氮测定存在较大系统误差。而且，现有预处理方法是通过透析、电渗析、纳滤和树脂分离等方法降低水样中无机氮含量，操作烦琐复杂，难以实现对有机氮精准定量检测。为此，通过中德国际合作的方式，研发了国产化的色谱联用型有机氮检测器，其核心原理为：①通过体积排阻色谱柱（SEC）充分分离有机氮、亚硝态氮、硝态氮和氨氮，解决了小分子量有机氮与亚硝氮/硝态氮色谱峰重叠严重的难题，避免了实际水样在DIN/TDN>90%的情况下，DON浓度会出现负值问题。②采用真空紫外+微流控螺旋石英管充分氧化含氮物质为硝态氮。③配置高灵敏低漂移的紫外吸收检测器在λ=220 nm处精准定量硝态氮浓度。研发的仪器可同步精准检测有机氮、亚硝态氮、硝态氮、氨氮和总氮，无需复杂预处理；同时配套中英文色谱工作站软件系统，具有在线和离线数据处理功能；可与国际/国内品牌液相色谱泵或自动进样器系统连接，触发控制数据采集，具有漏液监测报警功能和使用时间记录功能。④柱后分流采用比例分流阀，并可快速排除流路系统中气泡实现基线平衡。该仪器产品已实现产业化生产和市场化销售，用户包括南京大学、西安理工大学西北旱区生态水利工程国家重点实验室等国内高校及科研机构，同时出口到新加坡南洋理工大学NEWRI水研究中心等科研单位。

5.4.2 紫外荧光水质分析仪器

利用水中溶解性有机质（DOM）普遍含芳香结构，受到250~300 nm波长紫外线激发可产生蓝色荧光的特点，研发了便携手持式和自动化在线式紫外荧光水质分析仪。①采用贴片陶瓷封装或TO39封装深紫外UVC-LED光源，波长可选254 nm或275 nm，采用南京大学所研制的第三代AlGaN基或第四代SiC基宽禁带探测器件，无须分光结构和滤光片，消除紫外LED光源的2λ伴生光干扰；通过精密恒流驱动芯片进行LED频闪调制并结合算法实现吸光度稳定测量，实现对紫外吸光度指标的精准检测。②采用235 nm和275 nm双波长深紫外LED作为光源，采用南京大学专利技术宽禁带半导体光电二极管作为探测器件，即可消除2λ瑞利散射干扰，实现双波长紫外吸光度探测的高效耦合，可同时检测硝态氮和溶解性有机质指标；采用TO封装UV LED作为激发光源，荧光检测波长范围420~480 nm，实现对水中荧光性溶解性有机物的快速灵敏检测。开发出便携式、微型嵌入式和在线探头式的一系列水质分析仪器产品，实现水中荧光溶解性有机质（FDOM）、硝态氮、有机质、余氯、浊度等多参数水质指标的精准监测。该系列仪器产品已实现产业化生产和市场化销售，客户包括中节能国祯环保科技股份有限公司、南京华创环境技术研究院、中国科学院重庆绿色智能技术研究院、苏州首创嘉净环保科技股份有限公司、广东新一代工业互联网研究院、北控水务集团等科研机构和企业单位。其中，与北控水务集团就基于深紫外LED光源的硝态氮在线监测技术开展了技术合作，并签订了关于股权投资意向技术保密协议。研究成果已获得第47届日内瓦国际发明展金奖、第16届全国挑战杯特别一等奖、第14届中国研究生电子设计大赛金奖、2020微软全球“创新杯”中国区第四名以及2020互联网+创新创业大赛江苏赛区一等奖等荣誉奖项。

第6章 淮河项目环保科技成果孵化模式创新与典型案例

当前，发展科技孵化已经成为世界各国促进科技成果转化与产业化、推动创新创业，培育新经济增长点的一个重要实现路径。美国、德国、法国等欧美发达国家在科技成果孵化方面已取得了一些成功经验，为本国的科技转化为社会生产力发挥了重要的助推作用。我国孵化器已有近30年历程，在推动高新技术产业发展、孵化小微科技企业、培育经济新增长点等方面发挥了巨大作用。但是，我国科技孵化总体上还处于发展阶段，仍然存在方向不明、定位不清、同质化严重、政策资源效率低、孵化效果不明显等主要问题，导致孵化在科技成果转化与产业化进程中的重要作用尚未充分发挥出来，孵化模式与机制有待进一步创新探索。自“十一五”实施以来，水专项已研发出上千项关键技术成果[1]。重大科技专项的经费来源性质、主要任务承担单位性质等决定了专项成果大多属于科研人员的职务发明成果，面临更多的制度与政策壁垒。总结欧美发达国家及水专项已有的成功经验和案例，有助于后水专项时代在更大范围内实现专项成果孵化与产业化。

6.1 成果孵化在水专项成果产业化链条中的作用

1. 科技成果孵化链条基本环节

孵化原指人工孵化禽蛋的过程，后引入经济领域。孵化的职能是通过提供二次研发、生产与市场化经营，利用政策、资本、法律和市场资源，实现技术的产品化和产品的商业化，培养企业家、降低企业创业风险和成本、提高企业的成活率和成功率的社会经济组织活动[2]。

从科技成果孵化的定义可以看出，成果孵化是一个实现成果从技术向商品化产品转变、转移和产业化的多环节协同的链条化系统过程。随着我国创新驱动战略的实施和企业技术创新主体地位的确立，我国科技创业活动日益活跃，科技型中小企业大量涌现。不同领域、不同业态、不同发展阶段的企业在要求创业孵化服务差异化的同时，也要求各种服务在空间上的集聚，形成一个良好的创业生态网络和环境帮助它们快速健康成长。新的发展形势对我国科技企业孵化器的服务能力和水平提出了更高的要求。因此，本研究认为，当今及未来的科技成果孵化需要向前端和后端扩展延伸，即以孵化器为核心，建设“苗圃—孵化器—加速器”一体化的科技创业孵化链条。也就是说，科技孵化链条应该包括苗圃/众创空间、孵化器和加速器三个关键环节。两端继续延展形成以成果孵化为核心的科技成果产业化转化推广链条。

在整个链条里，各环节针对不同发展阶段的成果及企业形态，提供差异化服务。其中，对未成立企业的创业团队开展科技成果“选苗”、“育苗”和“移苗”入孵工作；对孵化器内企业提供高水平、高质量的专业化孵化服务；对具有高成长性的企业不仅要“扶上马”，还要“送一程”，鼓励其进入加速器更快成长，从而在一个体系内将各类要素、资源和服务有效集成，形成适应科技成果高效转化、企业快速发展的完整生态链条。

现在，国家要求孵化器大力推进科技创业孵化链条建设，是新时期科技企业孵化器创新驱动、战略提升的重要内容，旨在全面提高孵化器服务质量和水平，提升孵化器对各种创业服务的集成能力，真正实现从团队孵化到企业孵化再到产业孵化的全链条一体化服务，营造良好创新创业环境，发挥孵化器在科技与经济结合中的关键作用，促进区域经济转型升级，为建设国家创新体系和创新型国家奠定坚实基础[2]。

2. 孵化链条各环节的内涵与相互联系

建立“苗圃—孵化器—加速器”科技创业孵化链条，目的是为处于不同发展阶段的创业企业和团队全程提供有针对性的专业化孵化服务。链条以科技企业孵化器为基础与核心，向前后两端延伸建立创业苗圃和加速器。创业苗圃以孵化团队和项目为目标，在苗圃内“育苗”成功的团队和项目入驻孵化器；孵化器以孵化初创期企业为目标，从孵化器毕业的高成长性企业进入加速器；加速器主要以培育孵化器毕业的高成长性企业为目标，促进企业快速发展壮大。三个部分有效链接，在任务上既有分工又有合作，在服务上既差异化又注重集成，最终形成从项目初选到产业化发展的全链条一体化创业孵化服务体系，营造良好的创新创业生态环境，促进科技企业迅速成长壮大，推动产业集聚，为区域经济发展做出贡献[3,4]。具体来说：

（1）创业苗圃鼓励有创业意向的科研人员、大学生、留学人员等开展创业见习实习，为未成立企业的优秀创业项目和创业团队提供专业、系统的“预孵化”服务，提高创业团队的素质和技能，降低创业成本和门槛，开展选苗、育苗和移苗入孵工作。创业苗圃的主要功能包括为创业团队免费或低价提供办公场所，含工位和网络等设施；提供项目的发展前景评估；聘请创业导师为企业提供各类创业辅导和培训，包括模拟创业的实训课程等。

（2）孵化器以初创期科技企业为服务对象，通过为企业提供物理空间和基础设施，以及一系列基础服务，培育和扶持中小企业发展，降低创业者的风险和成本，提高创业成功率。孵化器的主要功能包括为创业企业低价提供办公场所和基础配套服务；提供工商注册、基本财务管理、法律咨询、人力资源咨询、基本的商务服务、政策咨询服务；有条件的孵化器可以对在孵企业进行投资等。

（3）加速器以孵化器毕业的高成长性企业为主要服务对象，通过产业组织创新、资源配置方式创新和服务模式创新，充分满足高成长性企业对于发展空间、技术研发、资本运作、人力资源、市场开拓、国际合作等方面个性化需求，帮助企业加速成长，培育区域经济新增长点。加速器的主要功能包括为企业提供可租可售的充足办公场所和厂房；自身具有投资功能；作为第三方服务平台，引入专业服务机构，为企业提供技术研发、市场开拓、知识产权、人力资源、投融资服务、上市和并购辅导等可供定制化的服务等。

3. 构建孵化链条的意义与作用

（1）实现专业集聚发展。构建科技创业孵化链条专注于某一细分产业，围绕产业发展建设基础设施、公共平台和政策环境，实现招商队伍专业化、服务方式专业化和投资服务专业化；提高整合内外部资源的能力，促进同类产业、同类环节的企业、服务机构和创新资源形成协同创新网络；开展产业链上下游企业间的各类交流活动，建立同行业企业的技术联盟，促进企业的互动发展；引入与产业发展有关的各类要素，包括促进产学研结合、控制产业前端原材料、开拓产业后端销售渠道、举办或参与行业展会等，并注重产业品牌和文化建设。

（2）强化金融服务功能。鼓励科技创业孵化链条搭建天使投资网络，吸引天使投资人投资于项目团队以及早期创业企业；设立创业投资基金、产业发展基金投资优质企业；与创业投资机构合作筛选优质企业并跟投；建立担保公司和小额贷款公司，为优质企业提供担保和贷款；与银行、保险、担保、信托等金融机构合作，积极创新面向科技创业企业的金融产品，缓解企业融资难问题；鼓励管理人员持股孵化，并建立相应的退出机制。

（3）搭建专业技术平台。鼓励科技创业孵化链条建设专业领域的公共实验室，为企业提供基本的技术研发、产品或工艺设计等服务，以及数据、软件、装备、设施等共享资源；建立或与专业机构合作建立检验检测服务平台，为企业提供检验、检测、测试等方面的服务；与同行业的龙头企业合作，联合建立中试车间和厂房，为企业提供技术集成、中试开发、小规模产品试制等方面的服务；与大学、科研院所等合作，建立专业领域的技术转移渠道，为企业提供联合研发、技术交易等方面的服务。

（4）整合专业化服务机构。鼓励科技创业孵化链条与大学和科研院所等创新源头的合作，通过各种方式和活动吸引大学生和科研人员到创业苗圃和孵化器实习或创业；作为第三方服务平台，与提供财务、金融投资、法律、人力资源、贸易展会、技术转移、项目申报、政策信息、国际合作、股改上市等服务的专业机构合作，为企业提供全面且专业的增值服务；采用专案管理的服务模式，为企业提供定制式的专业服务。

（5）创新服务运营模式。鼓励科技创业孵化链条吸引社会资本参与配套服务和服务平台的搭建；探索新型的孵化模式，采用市场化的运营手段，通过为企业提供高端服务实现盈利来反哺公益服务的投入；将自有资金或应收房屋租金等入股优质企业，从企业的成长发展中获利；与当地产业园区合作，根据区域产业链发展，按需求有目的地为园区输送企业，也为企业寻找更大发展空间，并从中实现盈利。

4. 成果孵化在水专项成果产业化链条中的基础性桥梁作用

同其他领域科技成果一样，水专项科技成果的推广转化与产业化不仅是一个全要素、多资源耦合的复杂系统工程，同时还具有环保科技领域的专业特殊性，导致水专项成果转化与产业化推广难上加难。水专项技术成果的产业化，不仅涉及政、产、学、研、用、金、介、媒等各个要素的参与，以及技术、人才、市场、政策、资本等相关资源的投入，更有赖于在遵循科技成果产业化内在规律前提下各要素和资源的科学配置与有效融合。

完整的科技成果全链条产业化过程一般包括“基础理论—小试期—中试期—工程示范期—苗圃期—孵化期—加速期—产业化”等主要环节。成果孵化环节链接成果供给端与市场需求端的桥梁，是助推科技成果从“0”到“1”的“死亡”跨越，最终实现科技从实验室（书架）走向市场（货架）艰难转换的关键环节。与此同时，成果孵化还能通过提供研发、中试生产、经营办公设施以及政策、管理、法律、财务、融资、市场推广和培训等配套服务，降低初创企业创业风险和创业成本，从而提高初创企业成活率和成功率[5-7]。

6.2 国内外科技成果孵化模式及成功经验

6.2.1 国内科技成果孵化成功案例及模式

1. 中国光谷创意产业基地——致力覆盖全产业链和企业成长全周期发展的科技孵化及服务模式

中国光谷创意产业基地位于武汉市东湖高新区关山大道465号，成立于2009年8月，由注册资本为1亿元的武汉光谷创意产业基地建设投资有限公司运营管理。十余年来，基地围绕“文化创意+科技创新”的模式，集中力量重点发展动漫、游戏、新媒体、虚拟现实/增强现实（VR/AR）、直播电竞、大数据、创新设计等相关产业，形成了优势互补的产业链。已成为国内文化创意产业最密集、氛围最浓厚的产业园区之一。

在企业服务方面，基地以专业技术平台、人力资源服务平台、产业推广平台、知识产权联动平台、投融资平台等专业服务平台为依托，打造了平台+资源+服务的多维度创业服务生态链。

在产业资源方面，基地打造了为全周期企业梯队提供行业联盟、高校资源、专业机构、龙头企业等定制化产业资源；基地深度对接阿里巴巴集团，以阿里云创学院、创业大赛、云栖TechDay、阿里云技术培训、风投面对面五大王牌创业服务助力企业发展。在行业协会方面，基地汇聚了武汉动漫协会、湖北移动互联产业协会、光谷互联网协会、武汉·中国光谷互联网游戏产业协会、光谷TMT战略联盟等行业协会资源，充分发挥了行业凝聚效应。在产业活动方面，基地组织实施了中国游戏节、阿里巴巴诸神之战全球创客大赛、光谷国际动漫节、湖北省大学生创意设计大赛、湖北互联网文学高峰论坛等产业活动，并多次承办实施省文化和旅游厅、省科技厅和武汉东湖高新区管委会委托的大型产业活动。

中国光谷创意产业基地及旗下的武汉光谷创意产业孵化器至今已累计孵化

和服务各类文化创意企业400多家，其中95%以上的企业拥有自主知识产权。基地共聚集10家省级文化产业示范基地企业，14家武汉市文化和科技融合示范企业，45家“光谷3551人才计划”企业，2家新三板上市企业，81家高新技术企业。两点十分、博润通、麦塔威、微派网络、武汉来画、铃空游戏等优秀文创企业从这里孵化壮大，傲立行业之巅。即将全部建成的基地二期园区——北辰·光谷里新文创产业综合体项目是国家发展和改革委员会双创示范基地重点项目、湖北省文化产业重点项目和武汉市文化产业发展“十三五”规划重大项目。北辰·光谷里新文创产业综合体项目建设规模近50万平方米，将承接武汉文创产业升级，助力总部经济集聚，打造华中文创新地标。

基地及旗下的武汉光谷创意产业孵化器、武汉梦想之家孵化器先后获得“全国版权示范园区（基地）”“国家小型微型企业创业创新示范基地”“中国青少年创意实践基地”“国家级科技企业孵化器”“国家级众创空间”“湖北省文化产业示范园区”“湖北省现代服务业示范园区”“湖北省3A科技企业孵化器”“湖北省创业示范基地”“湖北省小型微型企业创业创新示范基地”“湖北省创业孵化示范基地”“武汉市文化和科技融合示范园区”等荣誉称号。

中国光谷创意产业基地进一步优化和改善投资软环境，提高办事效率和服务质量，完善为企业服务的一站式模式，加快创意产业的发展速度，先后建立了公共技术服务、信息服务、创新创业、产权交易、人才交流与培训、展演与展示、投融资等服务平台，组建了光谷创意孵化器，建设了武汉青年创新创业服务平台，并大力开展了与日本、韩国、英国、芬兰、德国、新加坡等国家和中国香港、台湾地区的交流合作活动，吸引了各地企业到基地聚集发展，并为入驻企业提供了更加多元化的服务。中国光谷创意产业基地致力打造创意产业全产业链服务平台和企业成长全周期发展平台，建设具有全国影响力的创意产业集群。

2. 华中科技大学国家大学科技园创新创业基地——发挥和放大依托高校的学科优势，走出了“科技成果—产业化—资本化—科技成果”实现良性循环的“四级跳”孵化模式

华中科技大学科技园位于“武汉·中国光谷”的核心地带，占地面积1000

亩，建成孵化与产业化面积48.33万平方米，其中用于孵化的场地面积7.3万平方米。目前入园企业370家，其中在孵企业296家、大学生创业企业167家、上市及挂牌企业22家，高新技术企业103家、瞪羚企业32家。目前合作中介服务机构126家，园区从业人员23011人。经统计2019年园区企业总收入148.66亿元，上缴税收12.29亿元。园区先后被认定为“国家级大学科技园”、“国家级青年就业创业见习基地”、“国家级高校学生科技创业实习基地”、“国家A类大学科技园”、国家首批“创业苗圃—孵化器—加速器”科技创业孵化链条示范单位、“国家级众创空间”、“国家级小型微型企业创业创新示范基地”、“中国高校孵化器10强”，是“中国大学科技园联盟”常务理事和秘书长单位。

经过二十年发展，科技园依托学校优势学科，发展特色产业，形成了以光电子信息、先进制造为主导，软件信息、文化创意与教育、大数据、互联网、现代服务业和新材料多个产业同步发展的格局，催生并聚集了一批国家级高技术产业化示范基地：数控系统产业化基地、激光产业化基地、敏感元件产业化基地、光通信产业化基地等。培育了华工科技、华中数控、天喻信息、中元华电、锐科光纤、湾流科技等知名企业，引进了江钻股份、颂大教育、北京铁道、四方继保、立得空间等知名企业，是武汉东湖自主创新示范区重要的自主创新源泉之一。

在高校科技成果转化孵化方面，科技园逐步探索出独具特色的“四级跳”科技成果转化模式，即以华中科技大学为虚拟R&D中心，以华工创业投资公司和企业孵化器为项目筛选、企业孵化平台，以华工大学科技园发展有限公司为基地建设、产权运作平台，以上市公司华工科技为代表的高科技企业群，形成“两个运作平台、一批规模企业”的格局，共同构成促进科技成果持续转化的运行机制和体系，实现“科技成果—产业化—资本化—科技成果”的良性循环。“四级跳”模式的主要内容是：

第一级跳，在校内构建产品研发平台，形成市场需求和产品开发的对接，不断提供有产业化前景的创新成果，孕育高新技术产业化的“种子”；

第二级跳，在学校周边建立科技企业的孵化基地，提供企业孵化条件，营造良好的创业氛围，推进科技企业的快速成长；

第三级跳，在开发区内建立产业园区，采取资产重组、引资扩股的办法，形成大规模的高新技术企业群，提升区域的经济，辐射高新技术，以贡献求支持，以贡献求发展；

第四级跳，通过股权转让及资产重组，有计划有秩序地将已成规模的企业的股权转让给更有利于企业发展的股东，促进企业更进一步的发展，同时实现学校企业资本的战略性退出，用于支持新一轮的产品研发和企业孵化，吸引社会资金，形成新的高新技术企业，持续不断地推动科技成果的转化。

总体来说，华中科技大学科技园的主要经验是在市场机制的前提下，建立合适的企业运作平台，在政府、大学与企业间架设桥梁、形成纽带，以少量的资金和大学的无形资产吸引大量的社会资源进行科技园建设，完成园区开发、园区管理、孵化器建设、股权运作的任务，起到“发展高科技、实现产业化、服务社会经济”的作用。

3. 江苏省产业技术研究院——着力打通科技成果转化为实际生产力的通道，科技成果转化孵化体制机制全方位创新改革的孵化模式

江苏省产业技术研究院成立于2013年9月27日，是经省人民政府批准成立的新型科研组织，是全省创新体系的重要组成部分。江苏省产业技术研究院以集聚创新资源、培育发展新兴产业、支撑传统产业转型升级为宗旨，以产业应用技术研究开发为重点，以引领产业发展和服务企业创新为根本，组织开展产业技术研究和集成攻关，创新体制机制，着力先行先试，建成需求引导、多元共建、统分结合、体系开放、接轨国际、水平一流的新型研发组织，成为江苏省产业技术研发转化的先导中心、人才培育的重要基地。

产研院定位于科学到技术转化的关键环节，着力打通科技成果向实际生产力转化的通道，为产业发展持续提供技术。产研院的主要特色包括：

坚持一个方向：以构建技术创新的市场导向机制为省产业技术研究院的基本方向，坚持课题来自市场需求，成果交由市场检验，绩效通过市场评估，

财政支持由市场决定，充分发挥市场对技术创新研发方向、路线选择、要素价格、各类创新资源要素配置的导向作用。

突出两大功能：把服务中小企业和突破产业共性技术问题作为省产业技术研究院的主要功能。开展合同科研、技术转移、国际交流等专业化服务，完善技术服务体系和开放性研究平台，为中小企业发展提供技术支撑。面向产业转型发展需求，创新科研组织机制，加强分工协作和统筹推进，集中突破共性、关键性和前瞻性技术，引领产业向高端前端攀升。

引导三类资源：重点依托高校优势学科与创新平台、科研院所研发力量以及海内外高层次人才等优质科教人才资源，加强产业研发力量统筹布局。创新体制机制，建立主要由市场决定技术创新项目和经费分配、评价成果的机制，引导三类资源服务中小企业和产业创新发展，使研究院成为高水平研发机构的共同体、高层次人才的集聚地和人才创业的缓冲带。

实施四项改革：坚决防止体制回归，省产业技术研究院不设行政级别，实行理事会领导下的院长负责制，完善法人治理结构，探索构建新型科研院所管理体制；改革财政科技资金的使用方式，借鉴美国国防部高级研究计划局（DARPA）的项目管理经验，推行项目经理制，由项目经理组织产业重大技术攻关，自主组建项目团队、自主考察推荐优质项目，加强顶层设计，提高执行效率；探索“民办公助”的社团法人管理模式，以会员制形式吸纳符合条件的独立研发机构加盟成立省产业技术研发协会，推进协会明确权责、依法自治、发挥作用，根据研究所业绩给予必要的运行补贴和项目支持，进一步理顺政府和社会组织的关系，激发社会组织的活力；加大知识财产权分配制度改革，健全技术创新的激励机制，创新商业模式，大幅提高创业创新者在成果转化收益中的分配比例，促进科技成果的资本化、产业化。

产研院的主要功能包括：

产业技术发展的战略智库：发挥战略规划和产业组织功能，瞄准国际产业前沿，研究提出产业技术发展战略分析报告和前瞻性政策建议，成为引领产业高端跨越的智库平台。

产业共性关键技术的策源地：建立与国际接轨的研发组织方式，在若干产业前沿性、关键性、共性技术领域实现重大突破，促进科技成果资本化、产业化，持续培育新兴业态和新的增长点。

高水平研发机构的共同体：围绕市场需求，进一步统筹产业创新资源，构建跨学科、前瞻性产业技术创新战略联盟，完善产业研发创新网络，组织协同攻关，从整体上提升产业技术水平。

高科技企业的孵化中心：发挥智力和资本密集优势，完善创业孵化功能，实施载体、项目、金融、服务联动配套，成为高科技企业成长壮大的重要源泉。

产业技术人才的聚集高地：加快人才、项目、服务、资金“四位一体”联动，拓宽高层次人才引进培养渠道，为海内外人才创新创业营造优质服务环境，构筑国际知名的产业人才战略高地。

产研院主要发挥两个桥梁的作用——大学（科学院）与工业界的桥梁和全球创新资源与江苏工业的桥梁，将“研发作为产业、技术作为商品”，构建促进产业技术研发与转化的创新生态体系，打造研发产业梦想。未来将建设成为全球重大基础研究成果的聚集地和产业技术输出地，为产业转型升级和未来产业发展持续提供技术支撑[8]。

4. 成都天河生物医药孵化器——与政府行业管理紧密融合为特色的生物医药科技专业孵化模式

成都天河生物医药科技园也是“国家（成都）生物医药产业创新孵化基地”，位于成都高新技术产业开发区天府新城核心区域，是全国建立最早、规模最大的生物医药专业孵化园——成都生物与医药产业孵化园（天河园）的升级换代产业园区。该项目是国务院批准设立的“天府新区”的首批重点规划建设项目，总占500亩，规划建筑面积110万平方米，集科技研发、中试生产、产业化服务、生产性综合服务、生活及综合配套为一体，形成功能配套完善、技术设备先进、服务水平一流、产业立意高端、聚集效应强大、研发氛围浓郁、人才密集的专业化园区成都生物与医药产业孵化园（天河园）是在四川省政府、成都市政府的医药产业发展导向下，集本地区的人才、资源、产业优势而建立的。专业化服务是园区的优势，市场化运作是园区的根本，“规模化、专业化、市场化、国际化”是园区的建设目标。以孵化器为载体，构建了一系列四川生物医药技术创新公共服务平台。该平台按照政府主导、企业运行、省市区共建的模式和生物医药产业链的发展需求，旨在整合生物医药产业链上的优势科技资源，为生物医药研发、企业技术创新、国家重大新药创制专项、生物医药产业发展等提供专业、便捷、集中的技术支撑与服务。平台构建有生物医药分析检测服务、生物医药研发技术服务、生物医药成果转化服务、生物医药信息服务、生物医药投融资服务、生物医药综合服务六大子平台提供生物医药专业的分析检测、GLP、GMP、GCP、成果孵化转化、信息、投融资、政商等一站式服务。平台立足四川、辐射西部、面向全国，按照开放、联合、共享的机制，坚持“谁开放、谁服务、谁受益”的导向，展示供方的资源和服务信息以及需方的需求信息，采取在线对接，线下服务的方式为供需双方提供服务。

5. 力合星空双清孵化器——覆盖企业发展全生命周期，采用垂直产业链运营模式，基于产业链环节聚集核心企业，健全产业创新生态系统，具有国际化4.0版本的高科技企业孵化模式

“力合星空双清孵化器”（以下简称双清孵化器）隶属于“力合双清创新基地”，由广东力合双清科技服务有限公司（以下简称双清科服），联合深圳力合星空投资孵化有限公司（以下简称力合星空）共同运营。其中：

力合科创集团是深圳清华大学研究院旗下唯一的企业化资本平台，集团定位于“高端综合科技创新服务的领航者”，为高科技企业提供科研支持、技术转移、教育培训、创业辅导、管理咨询、股权投资、科技金融、上市辅导、空间载体等全方位、全周期的科技创新服务。力合科创集团已成功孵化出22家上市公司，在孵企业1506家。力合星空系力合科创集团成员企业，聚焦创业孵化和早期投资业务板块，构建创业孵化集群和创新服务体系，整合清华力量和社会资源集中孵化并批量投资早期科技创业项目。依托清华研究院和力合集团产学研深度融合的创新孵化体系，形成全要素、全链条、全国布局、全球合作的创新创业服务机构。

双清孵化器以垂直产业链的模式运营，围绕企业发展的全生命周期，聚集产业链各个环节的核心企业，健全产业创新生态系统。以培育孵化高科技企业为使命，未来将努力打造高端产业、创新要素、高端人才聚集的创新高地。

由于在产学研深度融合的科技创新孵化体系建设探索方面取得显著成效，孵化器所在的母体深圳清华大学研究院获得了“广东省科学技术奖特等奖”和“中国产学研合作创新奖”。

6.2.2 国外科技成果孵化模式案例

美国、德国、以色列等国家的科技孵化器建设及发展领先于我国，在科技孵化器建设模式、运行机制和政策体系等方面都为我们提供了可资借鉴的共性经验。首先，政府支持与立法创造有利于科技成果孵化良性环境是基本前提。在美国等科技孵化过程中，政府扮演了一个重要的角色。联邦和地方政府对科技孵化器的支持，不仅表现在资金和优惠政策方面，更重要的是建立健全了支持孵化器发展的法律法规，营造了良性健康的科技成果孵化-创业社会环境。其次，市场化+企业化运作模式是提高科技成果孵化成功率的关键。美国等科技孵化器的市场化运作模式，实行现代企业的管理模式。美国的科技孵化器都是独立自主、自负盈亏的市场竞争主体。按照市场经济规则运行孵化器，有效降低孵化成本，实现资源优化配置，保证自身正常运转和持续经营。最后，多元金融资本紧密结合是科技成果孵化必备的助推力。科技成果孵化与种子基金、天使投资、风险投资等多元金融资本紧密融合是必然条件和趋势，加速实现科技孵化的产业化发展，从而实现成果孵化与资本共赢。同时，不同国家在科技孵化模式探索方面又有自身差异化的特点与具体做法。

1. 美国科技孵化模式及经验

1959年，全世界首家企业孵化器在美国诞生。在经历了初始创立、多功能发展、高速成长以及创新蜕变四个阶段的演变过程后，美国孵化器产业逐步形成了相对成熟的运行机制，成为全球创新创业孵化器的引领者。主要的科技成果孵化模式与经验包括：

从投资来源看，美国政府、公共机构、高等院校、私营机构等均是支持企业孵化器发展的主要力量。根据《企业孵化行业现状2012》（*State of the Business Incubation Industry 2012*）统计，在美国所有的企业孵化器中，有41%的孵化器项目得到政府或相关经济发展组织的资助，其中直接由政府实体（Government Entities）资助的占比为16%，直接由经济发展组织（Economic Development Organizations）资助的占比为25%。有32%的孵化器由大学研究机构资助，约8%的孵化器由政府、非营利机构、私有机构或其他机构共同运营，4%左右的孵化器由纯营利机构资助。此外，还有15%的孵化器是自行组建而成，没有资助机构。政府与相关经济发展组织赞助支持的孵化器，主要目的是创造就业机会，鼓动各地区经济的多样化发展，扩大税收来源；同时也是为了整修与利用闲置的办公房屋，增加繁荣景象。高等院校及相关的学术机构团体主办的孵化器尤其注重科研成果，往往可以吸引科研项目和高级研究人才。风险资本、基金投资集团、大企业和房地产经营者等支持的孵化器，最大追求是通过投资孵化企业、新技术的应用和技术转让以谋求高额利润，并通过开发性与商业性房地产业实现不断增值。

从服务内容看，美国企业孵化器的主要功能包括一般服务和金融服务两种组合类型。一般服务组合往往是结合孵化器投资主体的目标和孵化器的模式而变化的。以社区为基础的孵化器主要为不同行业的在孵企业提供基础的、有形的服务。附属于大学的孵化器更侧重运用大学资源网络和研究师资力量为在孵企业提供咨询服务，或者是结合广泛的校友资源帮助在孵企业建立资源网络。专业化的孵化器重在利用自身的地理或特殊的资源优势，为在孵企业提供专门的服务。各类公司投资的孵化器则充分利用母公司的科技资源为孵化器内的企业提供针对性的技术服务。美国孵化器提供的金融服务组合包括：一是帮助在孵企业从联邦、州和地方等各级政府中获得小企业创新研究（SMIR）资助和

SBA贷款资助等；二是为在孵企业撰写商业计划书提供帮助以获得银行贷款支持；三是为在孵企业直接提供信用担保以获得银行或其他金融服务机构资金；四是利用自身网络力量帮助在孵企业寻找天使投资或者风险资本；五是提供种子基金，直接投资于在孵企业。

从运营载体看，美国有许多孵化器并未依托物理意义上的园区进行运作，而是采用虚拟化的孵化服务。传统的孵化模式要求一个初创企业在孵化器园区内部设立办公室。而虚拟模式则允许公司在不进驻孵化器园区的情况下获取。这种新的模式适合那些需要孵化器给予支持但仍然希望维持原有办公室、仓库等的企业。如今美国很多商业项目都逐渐倾向于更加虚拟化的配置，距离不再对商业关系起决定作用，而虚拟孵化器利用在线网络向极具潜力的公司提供它们需要的资源，从而在产业领域中占有一席之地。此外，通过运营一个虚拟孵化项目，运营公司能够超越其所在园区扩展它们的专业和合作网络，创造洲际和国际联系[9]。

2. 德国科技孵化模式及经验

一是以利益链条为中心的参股孵化模式。德国企业孵化器的发展很大程度上依靠社会力量，一般是主要以股份制的形式运营，逐步形成了“孵化器+天使投资+创业企业”以利益链条为中心的持股孵化模式。在该模式下，企业、高校、房地产商和社会团体作为孵化器的股东，往往通过直接参股方式共同管理孵化器企业的经营活动，其入股资本既可以是直接的资金，也可以是服务或房租收入，甚至还包括管理要素。孵化器则为入孵企业提供从培训企业创意到提供种子和风险资金一整套的支持和服务，进而有力地增强了初创企业的成活率，并且加大未来蜕变为成功企业的可能性。

建立在利益一致性基础上的持股孵化模式，吸引了众多跨国企业投资德国孵化器行业。2012年11月，搜索引擎巨头Google公司向坐落于柏林的一家名为“The Factory”的创业孵化器提供了资金规模达100万欧元、为期3年的庞大注资。Google公司注资的主要意图在于运用这笔资金以开展企业培训、发布会等各种项目形式来培育初创业公司成长。就在同一年，国际控股的法国公司Kering集团向德国物联网创业孵化器Rocket Internet提供了约1000万英镑的投资。通过这种股权合作，Rocket Internet孵化器也从战略上帮助法国Kering集团打开了新兴与发展中国家的市场。

作为德国政府为推动政府产业政策实施而成立的政策性金融机构，成立于1950年的德国决算银行创立了“共同投资”模式，以利益链条为中心为接受孵化的企业提供资金。“共同投资”模式被证明成效良好，一是大家共同参股承担风险；二是可以使入孵企业获得的资金翻一番，有助于加快研究、开发新产品的周期；三是将资金与知识结合在一起，使高技术中小企业可从商业性风险投资公司获得组织、管理、市场营销、审计等方面的支持；四是“技术参与公司”不需要银行通常要求的担保或抵押。正是这种“共同投资”模式，使该公司迅速成长壮大，从而带动了德国一大批技术型中小企业雨后春笋般的出现。

二是以中介服务机构为纽带的孵化模式。作为连接政府和企业的桥梁，德国中小企业技术中介服务机构行使着政府下放的经济补贴政策的资金分配权力，并通过德国工商联合会等各类行业协会以及德国联邦科技园和孵化器联合会等中介组织实现对中小企业的支持。因此，德国孵化器在发展过程中自然而然地与中介服务机构建立了非常紧密的联系。以德国弗朗霍夫协会为例，作为德国最有影响力的民办、公助的非营利机构，弗朗霍夫协会通过竞争取得政府的科研项目经费，整合全国的相关科研力量，并将许多大学联系在一起，打造了德国科研界强有力的联盟。弗朗霍夫协会服务孵化器最主要方式是，从在孵企业（尤其是以科技型中小企业）的需求出发，以签订研究合同的形式，向企业收取发展技术所需的科研业务费或专利转让费，解决企业遇到的具体技术问题，促进企业研究成果的转化和应用。该协会的“投资小组”还从市场研究、预测以及公司业务计划的制订等诸多方面向在孵企业提供帮助，还以入股方式给予企业一部分启动经费，降低在孵企业刚开始运作时的压力和风险。其中，德国联邦科技园和孵化器联合会（ADT）等中介服务机构在促进孵化器发展方面也发挥了非常重要的作用。此外，德国技术转移中心在促进孵化方面的作用也不容忽视，有利于技术转化和技术创新。

三是“海外孵化”的国际化扩展模式。蓬勃发展的德国孵化器已逐步将眼光放到了海外，实施了一系列“海外孵化”战略。全球第五大、欧洲最大电信运营商德国电信（Deutsche Telekom AG）早已将孵化器项目延伸到波兰等东欧国家。2012年德国电信在其移动业务部门T-Mobile的框架下设立了“Hub：raum”孵化基地。该孵化器是德国电信创新战略2.0机制的重要组成部分，负责为德国电信现有业务单元引入外部创新，与德国电信内部产品创新部门（创新实验室、无线事业部、ICT事业部等）、风险投资部门（T-Venture）实现对接，共同组成完整的产品创新体系，利用产业的力量加快电信业务创新。Hub：raum为初创公司提供办公场地、启动资金、内外部导师服务和基于德国电信优势资源的从产品开发、测试、业务部署到运营全过程的网络环境与技术支持，因而吸引了众多初创公司和团队。德国电信用约19万美元的启动资金换取初创公司10%左右的股权，并享有优先收购权。收购后的初创公司或并入德国电信现有业务单元，或作为德国电信新的业务单元独立运作，相应股份和收入也一并计入母公司。相应地，海外受资助企业的服务将回馈于德国电信自身的各类业务帮助德国电信在海外市场发掘商机，并提供新鲜的创业理念。通过这种“海外孵化”的扩展模式，有利于为德国本地产业的国际化、全球化发展打下坚实的基础[10]。

3. 以色列科技孵化模式及经验

以色列曾经是一个地小人少、资源贫乏的发展中国家，然而20世纪90年代以色列成功地实现了经济转型，以科技立国，成为一个一流的高科技经济国家，步入发达国家的行列。其中，孵化器对以色列科技企业的发展起到了不可估量的重大作用。到2012年，以色列的创业企业数量为5000余个，在纳斯达克上市的以色列企业比整个欧洲大陆都多，仅次于美国。孵化企业毕业后，据统计，获得风险投资的企业数高达54%，孵化企业的存活率达51%。以色列高新技术小企业之所以能迅猛发展，与孵化器的积极作用是分不开的。主要特色及经验包括：

一是孵化器的私有化特征。2001年，以色列的孵化器开始实施私有化改革，由非营利机构逐步引入风险资本和私人资本。私有化分为两个方面：一是将原有部分公有孵化器进行私有化，经协商，30%~70%的股权可以由孵化器拥有（或其他私有出资人），对应的70%~30%可以由创业者拥有；二是新建科技孵化器由私营公司以竞标方式承担建设、经营和管理，政府不干涉孵化器内部事务。近年来，随着孵化器运作的良性循环，其资金来源渠道越来越广，来自于政府的资金在孵化器资金总额中所占比例越来越少，孵化器获取非政府资金能力越来越强，截至2010年年底，以色列23家科技孵化器全部完成私有化改革，私有资本占据了孵化器资金的绝大部分，大多来自于专利转让、股权转换、股利分红及战略合作伙伴。从来源看，孵化器股权41.7%来自公众、19.7%来自个人、38.6%来自企业。

二是独特的孵化器体系结构。以色列的企业孵化器是一个独立的、不以营利为目的的法人实体，一般有七八名员工，受工贸部下属的首席科学家办公室（OCS）管辖。政府通过OCS对每个孵化器每年提供20万美元资助，对孵化器内单个项目提供最高15万美元资助，孵化器就每个项目与OCS签订协议。政府与孵化器通过合同，明确双方之间责任关系，孵化器管理决策受董事会监督，政府在孵化器董事会内不派驻代表，不干涉孵化器管理人员任命，孵化器享有独立财务权，政府仅仅对其投入到项目公司的资金进行监督。同时，在以色列，孵化项目从入驻孵化器第一天起就注册为一家有限公司，公司创立者要与孵化器签订创业者协议，约定项目知识产权100%属于公司，而且发明者应服务于项目公司；项目公司经费的使用必须经孵化器经理签字同意；在开始的两年中未经孵化器经理的同意，不得转让股权或期权。

三是严格的孵化项目筛选机制。以色列孵化器是以色列政府科技兴国整体计划的一部分，其目的是帮助技术企业家将他们的创新理念转化成商业产品，它面对的对象是有潜在市场化前景的创新理念，是处于种子期或前种子期的技术项目。以色列民营科技孵化器对入驻企业要求很高：一是团队人员必须可靠、诚信；二是必须是高新技术项目；三是知识产权归属清晰；四是产品可供出口且市场容量须在5亿~6亿美元；五是商业策划书可操作性强；六是开发的产品有产业化的基础等。孵化项目入驻孵化器前，还要经历三个阶段的严格的筛选，从创新理念到项目报告，获得相关人员的一致通过后，进入到最后一个阶段——递交到OCS筛选委员会，接受他们的审查，通过后方可入驻。以色列孵化器每年大概收到200~300个项目申请，但最终通过所有筛选并入驻孵化器的只有5~7个，通过率只有5%左右。

四是切实有效的项目孵化机制。项目入驻孵化器后，将经历最长2年时间的孵化期。在孵化期内，他们需要消除技术风险、熟悉产品市场、解决知识产权问题、申请专利、保护商业机密、创立高素质管理团队并提升管理及学习能力，并在孵化期结束之前，成功募集资金或寻找到战略合作伙伴。项目以成立项目公司的形式运作，每年保证至少18万美元的预算经费，两年最低36万美元，其中30万美元由政府直接支持。经费支出范围包括：项目员工薪酬、购买设备、生产转包、咨询费用、专利申请费、市场营销费、一般管理费用、市场调研费、运营计划费用等。

五是激励性强的孵化收入来源及股权分配机制。孵化器的收入主要来自三个方面：一是OCS每年提供的20万美元运行经费，约占总收入的20%；二是项目公司的服务收入，如租金、设备使用费等，约占总收入的30%；三是转让股权的收入，孵化器在每个项目公司中占有20%的股份，约占总收入的50%。典型项目公司的股权结构如下：发明者拥有50%的股权，孵化器期间被托管，不能交易或转让；孵化器占有20%的股份；职工占10%股份；投资者占20%股份[11]。

6.3　淮河项目成果孵化器建设模式及典型案例

在水专项淮河项目的组织实施过程中，为了提高项目成果的转化应用效率和成效，淮河项目创建并运营了江苏国创环保科技孵化器有限公司，为探索重大科技专项成果的孵化模式与经验取得了良好成效。

江苏国创环保科技孵化器有限公司（以下简称“国创孵化器”）于2015年3月30日成立，由南京大学国家重点领域创新团队、江宁开发区管委会、江苏省国金集团、中电环保股份有限公司等高校、地方政府、国有大中型企业、行业领军企业（上市公司）等多元化的主体投资建设，是南京大学国家双创示范基地（江宁基地）和生态环境部“有机化工废水污染控制与资源化产业技术创新战略联盟”的运营主体，2019年升级为省级科技企业孵化器。

国创孵化器以“开放共享、合作共赢”为理念，以促进环保科技成果转化、孵化高新技术企业和培育环保CEO为宗旨，建有研发检测、技术交易、展示推广、培训交流等公共服务平台，场地总面积8258 m^2。现有专业孵化服务人员6人、创业导师4人，涵盖技术、市场、行政、财务等多个方向，可为企业提供“工商注册—行政管理—财务管理—创业培训—项目孵化—投资引入—技术开发—市场开拓”全链条一站式服务。

1. 立足国际国内形势，打造覆盖“众创空间—孵化器—加速器”的完整孵化链条，创新内外“双循环”科技成果孵化体系

国创孵化器创新了内外“双循环”企业孵化模式，对内发展新材料、新装备、新工艺“国创系”自营产业集群，对外引进高端人才、培育高科技企业，促进众创孵化的良性循环。其中：

在众创空间建设环节，围绕科技企业孵化，除了与依托平台建设众创空间南京“环保创客谷”，还与外部的众创空间“华创E家”建立了上下游合作，两家众创空间都是省级“众创空间”。南京“环保创客谷”建成孵化平台空间面积1800平方米，引进17个人才团队，引进创业服务专员10人，创业导师4人，设立人才创业“天使基金”1项，已形成“1人才1产品1公司”的孵化模式、“高端人才引进+产业基金+产业链+企业集聚”的转化模式，服务模式日趋成熟。众创空间聚集了南京大学国家重点领域创新团队、南京大学国家重大水专项人才团队等一批国内外创新资源，引进了国内外创新创业领军人才，开展智慧生

态环保领域前沿重点技术的研发，强化科研成果源头供给。成功培育外国专家1位、国家“万人计划”科技创新领军人才3位、南京市科技企业家4位、江宁区创新型企业家4位，领军人才团队先后获国家科学技术进步奖二等奖5项。

在孵化器建设环节，聚焦水处理、大气治理、固废处理等三大重点领域，围绕园区企业迫切需求和急需短缺服务，整合优质创新资源，差异化建设专业领域国家CMA检验检测、江苏省新型研发机构等10余个公共服务平台，同时拥有极富特色的共性制造服务平台，形成了小试验证—中试集成—模块整装的装备制造转化平台。以企业需求为导向，提供特色定制化的技术开发、成果转化、产品推广等“一站式”专业化服务。到2021年，国创孵化器累计孵化高科技企业57家，其中2021年新增在孵企业7家，累计毕业企业16家，其中2021年新增毕业企业6家。2021年成功培育2家南京市瞪羚企业，3家南京市创新型领军企业，5家高新技术企业，19家科技型中小企业。累计为企业提供研发检测等服务113次，组织企业技术交流、创新创业等活动23场，415人次。

在加速器建设环节，依托南京大学国家双创示范基地（江宁基地）的人才、技术、政策、资金等优势，国创孵化器正与江宁开发区合作建设技术有特长、产品有特色、产业有规模的“江宁开发区智慧环保产业园”，场地面积14400 m^2，集聚一批重大环保技术创新成果在江宁开发区孵化落地，支撑国家科技研发、创新创业和成果转化公共服务平台建设，建设从创新创业孵化、加速器到产业园的智慧环保产业培育新高地，成为“水、气、固”智慧环保领域瞪羚独角兽企业、高科技上市公司的发展新摇篮。到2021年成功培育2位江宁区创新型企业家、2家南京市瞪羚企业。

2. 针对孵化初期企业自身普遍缺乏基础支撑条件的瓶颈，搭建高效的公共技术服务体系，助力孵化企业稳步发展

孵化器建立了完善的全链式环保产业与企业孵化全过程服务体系，搭建专业化的环保科技众创空间和高效的环保科技成果转移、转化和交易平台。到2021年，国创孵化器获省市区级4项创新创业荣誉资质，包括江苏省大众创业万

众创新示范基地、江苏省工程技术研究中心、江苏省企业技术中心、江苏省环境污染治理能力评价资质。公共技术服务平台体系主要包括：

（1）公共技术研发平台，围绕化工废水污染控制与资源化利用、再生水利用与风险控制、河道水污染治理与生态修复、有机废气资源化治理、固体废弃物处理等领域的共性和重大关键技术，已建成研发实验室8个，中试基地1个，其中技术研发空间面积900 m^2，2021年新增中试基地及成果转化平台逾1000 m^2。为南京维申环保科技有限公司、瑞逸鑫环境工程技术（南京）有限公司、奥博环境科技南京有限公司等10余家在孵企业提供新材料、新产品的技术研发服务。

（2）分析检测平台，围绕水和废水检测、室内空气检测、环境空气和废气检测、噪声检测、土壤和水系沉积物检测、固体废物检测、环境监测七大领域，已建成分析检测空间面积1800 m^2，近3年新增配置分析检测仪器60余台套，分析检测人员20余人。目前分析检测平台已拥有600多项CMA资质服务能力和CNAS-GLP认证。为瑞逸鑫环境工程技术（南京）有限公司、南京博曼环保设备有限公司、南京山河环境科技有限公司、奥博环境科技南京有限公司等在孵企业提供检测服务。

（3）环境咨询平台，对外提供技术方案、达标方案、评估咨询、可研报告等相关服务，已建成空间面积1800 m^2，并于2016年8月获国家发改委批准，取得工程咨询丙级资质，获江苏省环境污染治理能力评价证书（乙级）。为南京山河环境科技有限公司、南京煦科环境科技有限公司、南京易基诺环保科技有限公司等在孵企业提供10余次技术咨询服务，对于企业招投标、技术突破等方面有积极的促进作用。

（4）技术转移平台，围绕企业实际需求，建设国家重大成果产业化基地，对国家科技重大水专项项目中开发的新技术、新工艺、新产品、新装备进行转化和产业化，相关成果已经广泛应用于制药、造纸、轻工、化工等国民经济的各行各业，支撑各企业每年近百亿元的产值。

（5）环保投融资平台，设立1200万元天使基金为创新创业提供资金保障。作为基金管理机构，重点关注南京范围内的节能环保优质项目，助推环保服务业、环保装备制造业的发展。先后投资南京铭宁水处理科技有限公司15万元、南京碧泽环境科技有限公司12万元、瑞逸鑫环境工程技术（南京）有限公司2万元，为企业市场开拓、技术推广等提供了资金支持。该平台2021年为入驻企业提供了多次与银行接洽的机会，多次邀请银行进行贷款、融资等政策宣讲。通过该平台，南京苏环环境互联科技有限公司、南京善水工程设计研究有限公司、南京山河环境科技有限公司等企业，先后多次获得了银行贷款，总额达947万元，解决了中小企业的融资困境。

3. 有效融合政、产、学、研等要素与资源，贯通成果孵化及产业化链条的“最后一公里”屏障

国创孵化器构建了基于“技术研发—成果孵化—联盟集成—平台推广—机制保障”的全链式成果转化与产业化创新体系，有效融合了科技成果孵化与产业化必备的“政”、“产”、“学”、“用”、“研”、“金”、“介”和“媒”八大基本要素及资源，贯通了成果产业化的“最后一公里”瓶颈，打通了技术成果从“书架”走到“货架”的产业化路径。获批国家重大水专项产业化基地，获批“江苏省科技成果转化专项资金项目”，承担国家科技重大专项成果转化与产业化推广项目2项。载体团队推动产学研用深度融合发展成果总结为“科技成果转化的‘江宁样本’”，并成功收入“中国样本——改革开放40周年系列报道”。同时以产业和区域优势资源为依托，江苏国创环保科技孵化器确立孵化器专业化发展方向和高效运行机制。建设区域标杆和具有专业特色的孵化器，以战略性新兴产业的创新成果及创业领军人才的培育为重点，孵化器与南京大学、江苏省环境科学研究院、中电环保股份有限公司等高校、科研院所、行业领军企业、上市公司密切合作。常态化开展技术对接服务，内容涵盖水处理技术、生态环境政策、大气环境监测技术等环保专业领域。孵化器内产学研合作协议、企业市场合同成交额、总营业收入及企业纳税等显著大幅增长。

孵化器还加速科技成果转化和自主知识产权的实施。与江苏汇业佳科技咨询有限公司、江苏瑞途律师事务所等第三方服务机构签订了合作协议，涉及

载体服务、法务咨询、企业申报等多种服务领域。仅2021年，就帮助20余家企业申请知识产权，申请26项、授权53项。另外，孵化器持续联合各企业举办创新创业交流活动，充分调动企业专业技术创新的积极性，集聚科技，共享金融和媒体在内的各种社会资源，营造创新创业良好氛围，弘扬创新创业文化。围绕疫情状态下的环境治理现状的新发展格局，嫁接优势资源、优势互补，共建水、气、固、信息技术、自动化等跨领域环境治理技术的全方位、多层次合作。加强孵化器企业间的合作共赢，树立创新创业品牌，推动孵化创业者沙龙和文化建设搭建孵化器及创业者的互动合作平台。

4. 以国际化视野，引进高端创新资源，助力区域孵化水平与产业集聚度快速提升

国际合作是孵化器自身快速发展、国家优质科技成果引入落地、区域产业集聚度倍增的重要抓手。孵化器自创建之初即以建设区域标杆和具有专业特色的孵化器为目标，以战略性新兴产业的创新成果及创业领军人才的培育为重点，孵化器一头连着高校和科研院所、一头连着企业和创业者，集聚了各方优秀人才、各类创新资源，促进了科技成果转化、培育了40多家高科技企业。

目前，在孵企业大部分为环保产业行业内的精英团队落地而成，有硕果累累的科研成果和巨大的发展潜力，37家在孵企业中，多数为高科技研发型企业，目前已有10余家企业拥有自主研发技术或自主知识产权的材料产品装备；另外，在孵企业中，有30家都是环保行业的企业，产业集聚度超75%，可以更好地发挥行业集聚、资源整合优势。

未来，国创孵化器已启动探索与“一带一路”沿线国家建立科技园区合作关系，引进更多更好的国际人才、科技资源，实现创新资源的高水平交流和技术的有效对接，促进技术转移和产业化落地，为孵化器发展注入新鲜血液，打造多元功能型服务孵化平台。

参考文献

[1] 吴静, 王深, 谢显传, 等. 水专项科技成果转化绩效及影响因素实证研究[J]. 环境工程技术学报, 2021, 11(6): 1137-1146.

[2] 殷群. 企业孵化器与自主创新[M]. 北京: 科学出版社, 2010.

[3] 王红, 郑鹏. 我国高校科技成果转化现状及发展路径探析[J]. 科技管理研究, 2020, 40(19): 103-109.

[4] 章熙春, 江海, 袁传思. 产权激励对促进高校科技成果转化的影响研究[J]. 科技管理研究, 2020, 40(17): 106-111.

[5] 辛志伟, 付军, 李安定. 生态环境科技成果转化顶层设计研究[J]. 中国环境管理, 2019, 11(1): 72-75,94.

[6] 胡清, 高菁阳, 王超, 等. 生态环境科技转化与产业发展融合之路探索[J]. 中国环境管理, 2020, 12(6): 7-12.

[7] 石照耀, 韩晓明. 高校科技成果转化模型与路径[M]. 北京: 科学出版社, 2021.

[8] 姜春, 丁子仪. 新型研发组织运行治理的多层次利益分配与激励机制——以江苏省产业技术研究院及其40家专业研究所为例[J]. 中国科技论坛, 2020(7): 60-72.

[9] 斯特罗斯(Stross Randall E). YC创业营: 硅谷顶级创业孵化器如何改变世界[M]. 杭州: 浙江人民出版社, 2014.

[10] 卸林, 何郁冰, 胡坤等, 著. 中外技术转移模式的比较. 创新与创业管理丛书[M]. 北京: 科学出版社, 2012.

[11] 顾克文(Cukierman Edouard), 罗雅区(Rouach Daniel), 王辉耀. 以色列谷: 科技之盾炼就创新的国度[M]. 肖晓梦, 译. 北京: 机械工业出版社, 2015

第7章 水专项成果产业化推广平台建设典型案例

生态环境科技成果转化与产业化是一个复杂的社会系统工程，需要对相关技术产品发展方向做正确预判，对所属市场进行准确定位，并要在短时间内为规模化生产提供相配套的工艺和设备，科研机构、环保企业、各级政府及相关职能部门、金融机构等在此过程中都起着重要作用。水专项科技成果的技术核心和知识产权大多掌握在高校及科研机构手中，企业难以直接获得进行转化应用。这就需要高校、科研机构与企业成立产学研用相结合的产业化推广平台，将人才团队、技术成果与企业的生产资料、管理营销机构结合起来，并逐步形成科研—产品—市场—科研的良性循环。目前，大多数生态环境科技成果产业化推广平台是由政府、高校、科研院所共建而成，其作为独立企事业法人实体，不仅要开展自主创新，还要针对市场需求进行市场推广，赋予上述科技成果商品化特性，实现科技成果的商品化生产和市场化推广。

7.1 水专项成果产业化推广平台的共性问题和需求分析

我国在《国家中长期教育改革和发展规划纲要（2010—2020）》中将产学研合作作为创新人才培养机制、提高科研水平、增强服务社会能力的重要举措，并在《国家中长期科学和技术发展规划纲要（2006—2020）》中明确把加快企业为主体、市场为导向、产学研相结合的技术创新体系建设作为国家技术创新工程的主要内容。传统的产业化推广平台大多数是采用共建研究院模式，由企业或地方政府与科研机构之间合作建立研究院/研究所或者创新中心，企业作为技术需求方，科研机构为技术供给方，本着优势互补、资源共享、互利互惠的原则将促进技术创新所需各种生产要素进行有效组合，形成自主选择的合作关系；其目标定位的科学研究、产品开发和人才培养等活动，是由地方政府、企业、科研机构以某种合作的方式共同承担，达到共同发展的目的。“十一五”以来，水专项已在全国范围建设了20多个成果产业化推广平台，以推动水专项科技成果的转化转移和产业化推广。然而，这些产业化推广平台在建设和发展过程中普遍面临以下四方面的共性问题。

（1）高端人才引进困难。多数水专项成果产业化推广平台是以事业单位为主体、企业化运作的新型研发机构，必然需要具备自主进行市场行为的能力。除了开办之初获得的地方财政支持科研平台建设经费和基本运行费外，所有的经费都需要自筹。这就导致平台建设初期没有足够的科研经费支撑高端人才和项目的引进。而按照地方政府相关的人才引进政策，大多是针对全职引进的人才，需要在当地缴纳社保，对于高校、科研院所的外设机构主要科研力量还是要依靠母校的专家人才。这些既要完成学校的教学科研任务又要到异地开展科研合作的“双跨”专家人才就无法享受当地的人才政策。这为吸引高校/科研院所的人才“走出去”工作带来了一定的困难。此外，由于受事业单位性质、经费使用等方面的制约，又很难为专家人才提供更宽松的环境和更有吸引力的奖励激励机制。这种情况下，很多专家团队更多地会考虑留在母校，而非走到这些产业化平台。

（2）资金来源结构不合理。平台建设初期，各级政府对新型研发机构有不同的奖补政策，但产业化平台作为自筹自支的企业化运行主体，如果在成果转化与产业化过程中无法营利，平台难以长久运营。因此平台的资金来源结构需要有合理的设定。通常“四技服务”、工程/销售、政府经费（奖补与竞争性科研经费）三者间的比例应该要相对均衡，才能体现产业化平台的功能定位。但是在实际运行过程中往往出现两极分化现象，一种是“工程/销售”占比过高，导致产业化平台成为一个普通的销售企业或工程公司，失去了成果转化与产业化推广的特征；另一种是完全依赖“政府资金”，成为单纯的政府科研机构，逐渐脱离了市场需求与自我造血功能，一旦脱离了政府的资助，就面临解散的风险。

（3）平台管理、运行机制不合理。对于校地合作的产业化平台，在管理过程中政府和高校、科研院所的职能不同、目标不同、管理模式不同，导致双方对驻外产学研服务平台的态度、管理尺度、回报要求都会有所不同，针对多头管理的现象尚缺乏有效的协商机制。从业务开展角度出发，主管单位是环保部门；从平台性质角度出发，主管单位是科技部门；从产业化角度出发，主管单位是工信部门；而从举办方角度出发，高校、科研院所母体是主管部门。这就导致作为独立法人的产业化平台在项目开展、人员评聘、经费管理工作中执行的制度缺乏独立性，也缺乏界定上述制度适用范围的依据。此外，绝大部分产业化平台在运行过程中都面临着如何建立合理、公平绩效考评体系的难题，而绩效考核体系对于稳定员工队伍、保障平台有序运行有着重要的作用。传统企业以经济效益作为绩效依据，高校/科研院所以教学科研成果为依据，但产业化平台因其自身目标定位同时兼具社会公益性与企业营利性特征、人员结构与分工也多种多样，因此绩效体系考核的依据比较复杂。如果缺乏科学合理的评聘体系，将会导致平台偏离自身原有定位，出现研发与产业脱节或直接成为环保公司的现象。

（4）政府缺乏长效保障机制。地方政府支持水专项成果产业化的机构分布在环保、科技、产业园区等多个部门，未能形成统筹协调的水专项成果产业化的顶层设计，更缺乏常态化、稳定化和长效化的支持机制。其次，对于水专项成果产业化平台和孵化的企业，地方政府尚未充分发挥市场在资源配置中的决定性作用，财政投入资金的使用准度、使用效率不高。再者，地方政府对于如何打造基于市场导向的水专项成果产业化平台和集聚区认识不足，园区联动和差异性发展有待解决，特别是水专项成果产业化平台所在的环保产业园区同质化竞争严重，整个水专项成果的创新链和产业链之间缺乏有效的协调机制，技术研发、转移转化和产业化推广整个水专项成果产业化链条的各个环节有待打通。

水专项产业化推广平台在实际的市场化运行过程中困难重重，平台存活率低，其根本原因是缺乏科学合理的运行模式与高效保障机制。主要体现在以下几个方面：

（1）亟须建立产业化平台共建方协调机制。产业化平台具备的社会公益性特征和以经济效益为导向的产业化目标之间存在矛盾，且产业化平台共建方（政府、企业和高校/科研院所）的目标意愿也存在一定的差异。地方政府希望环保产业平台能够发挥产业集聚效应，积极引领和推动地方产业升级。而企业则希望通过成果产业化迅速占领市场、获得较大的经济效益。高校/科研院所则更关注科技成果的创新与转化过程对学科建设、科技创新能力的提升以及人才的培养。因此，需要建立一定的协调机制，保障共建主体间的目标意愿和产业化平台的定位能够一致。

（2）亟须突破企业孵化模式限制。由于水专项成果的商品化生产与市场推广要由企业主体去完成，因此，孵化企业是产业化平台的重要职能之一。目前，平台孵化企业主要是内部衍生的模式，即产业化平台内部核心技术团队通过开发技术和产品，具备商品化生产条件后，引入社会资本或者创投形成新的企业，并且由新成立的企业进行产业化推广。然而这种模式下，孵化的企业和孵化器平台存在着过多的关联性和依赖性，短时期内新孵化企业的自身市场竞争力薄弱；同时，新孵化企业的核心团队结构缺乏合理配置，通常市场营销和人资管理力量相对薄弱，不利于水专项成果后期的商品化生产和市场化推广。此外，事业单位性质平台在企业孵化过程中也会受到体制限制。

（3）亟须改进产业化平台内部管理运行机制。绝大部分的产业化平台在后期运行过程中都面临着如何建立公平、合理的绩效考评体系的难题。绩效考核体系对于稳定员工队伍、保障平台有序的运行有着重要的作用。通常对于企业而言，绩效考核主要依据合同额，对于高校/科研院所而言，其考核的依据主要是科研成果（论文、专利、科研项目、课时）。而对于产业化平台而言，所承担的任务与开展的工作多种多样，考核体系要同时涵盖科研创新成果、“四技服务”合同额、企业孵化等。此外，产业化平台人员结构也比较复杂，既有全职人员，也有兼职人员，还有退休返聘人员，不同类别人员的考核均需要有对应的考核依据与激励措施。

（4）亟须建立产业化平台的地方政府保障机制。地方政府支持水专项成果产业化的机构分布在环保、科技、产业园区等多个部门，未能形成统筹协调的水专项成果产业化的顶层设计，更缺乏常态化、稳定化和长效化的保障支持机制。另一方面，对于水专项成果产业化平台和孵化的企业，地方政府尚未充分发挥市场在资源配置中的决定性作用，财政投入资金的使用准度、使用效率不高。此外，地方政府对于如何打造基于市场导向的水专项成果产业化平台和集聚区认识不足，园区联动和差异性发展有待解决，特别是水专项成果产业化平台所在的环保产业园区同质化竞争严重，整个水专项成果的创新链和产业链之间缺乏有效的协调机制，技术研发、转移转化和产业化推广整个水专项成果产业化链条的各个环节有待打通。

7.2 国内外产业化推广平台的建设模式与成功经验

7.2.1 德国弗朗霍夫协会

为促进企业、高校和政府合作并发挥各自作用，德国在1949年于慕尼黑成立弗朗霍夫协会，其特点是政府投入经费资助运营（最高占30%左右运营总经费），并通过与所在地区的高校、科研院所的合作，为高校、科研院所的科研活动与市场需求之间建立有效、合理的联系。目前在德国有七十余个研究机构，约3万多名员工。在运行过程中分工明确，高校承担科技研发与人才培养的任务，政府拨给研究院部分运营经费，企业提供生产条件和营销途径，协会为基础研究和应用型研究培养专业人才[1]。

1. 主要职能

弗朗霍夫协会作为非营利性机构，为中小企业和政府部门提供合同科研服务，技术服务领域涵盖信息和通信科技、生命科学、微电子、表面科技和光子、产品与工艺、材料与组件和国防与安全等，填补技术研发与产业化中间的鸿沟。具体职责可以概括为以下五个方面：一是开展面向样机制造的产品开发与优化；二是开展技术集成、工艺开发与优化；三是开展技术推广与技术服务，包括为服务企业提供产品性能测试、人员培训、产业化技术支撑等；四是开展技术、产品评估，包括可行性分析、市场调研、投资风险预测等[2]。此外，协会还可根据企业的实际需求，开展包括融资策略、资质认定、战略规划等多种资讯类服务。

2. 组织架构

弗朗霍夫协会实质是一种松散结构的联盟，其组织模式参照了现代的公司制企业，协会设有会员大会、理事会、执行委员会、学术委员会和高层管理者会议等机构。理事会作为协会的最高决策机构由会员大会选举产生，理事由科技界、工商界的杰出人士以及政府代表组成；执行委员会作为日常管理机构，由主席和另外三位全职委员组成；学术委员会则是协会的内部咨询机构，通常由协会各研究所所长、高管和科研人员代表组成；协会下设若干个研究所，实行所长负责制，自主开展工作并独立核算；在协会和研究所之间还设有学部，参与协会重大事项协调与决策，以及协调协会下同一学科领域里不同研究所之间的交流与合作[3]。

3. 资金来源

弗朗霍夫协会资金来源的1/3来自政府拨款（通常被称为“非竞争性资金”），1/3来自政府的竞争性项目，1/3来自企业的合同收入（后二者统称为“竞争性资金”）[4]。“非竞争性资金”被用于支持前瞻性的研究工作，以确保其科研水平处于领先地位[2]；“竞争性资金”被用于开展直接面向市场的产业技术的研发。协会的运行处于面向产业的应用研究和未来发展的创新研究之间的动态平衡之中。在非竞争性资金方面，政府根据协会“竞争性资金”收入的多少按比例划拨。协会与各研究所对“非竞争性资金”的分配比例大致为1∶2。此外，各研究所还为企业和政府有偿提供“四技”服务[2]。

4. 运行机制

（1）瞄准社会需求确定研究方向和研究重点。为从源头上保障研究成果的前瞻性，协会先通过内外部组织网络协商机制确定研究方向，采用自上而下的方式逐步缩小议题范围，设定若干个子议题给技术联盟，技术联盟召集研究团队对子议题分析、讨论，给出解决方案。最后，通过项目展示方式进行投标，确定协会未来资助的核心研究议题。

（2）多渠道筹措资金支撑科技创新。弗朗霍夫协会的研究经费来源于“非竞争性资金”和“竞争性资金”。“非竞争性资金”占30%，通常为政府下拨的科研基金，这部分科研基金除少部分无条件分配给各研究所，其余大部分会与研究所上年的合同科研收入挂钩，按比例分配。“竞争性资金”占70%，包括公开招标的课题、服务企业的“四技”合同收入，以及政府的绩效奖补等[5]。

（3）建设年轻、多元、灵活的人才队伍。弗朗霍夫协会用人机制灵活，具有“流动性”和“项目化”特点。主要技术骨干是大学教师和科研院所的研究人员，并有大量高校在读学生参与项目的研发[6]。协会根据研发人员类别和工作需要设定相应的固定岗和流动岗[7]，新进科研人员与协会签订合同的聘期与承担项目周期一致，项目结题后离职。

（4）强调知识产权管理和技术转移融合。弗朗霍夫协会设立专门的知识产权管理部门，对知识产权、技术转移、投资进行集中管理，统筹和分配知识产权资源。同时引入专利投资组合分析系统，扩增专利应用价值，实现专利在应用链下游的持续增值，挖掘专利的全部市场潜力[8]。

（5）构建应用价值评估体系。协会不仅组织专家对各研究所提交的年度报告进行评审，还委托学术界、产业界和公共部门的专家组成评估委员会，定期对各研究所进行综合评估（通常5年1次）。评价指标主要包括：科研能力、人才队伍、硬件条件、管理机构、运营机制等。与高校、科研院所重视科技论文发表不同，协会更关注研究成果在产业界的实际应用情况，这与协会面向产业界开展共性技术应用研究的定位相一致[2]。

（6）营造创新创业的制度文化。协会鼓励青年科技人员离开研究所去创办科技公司。进入企业界和商界的科技人员可以选择在两年内返回研究所。协会不仅从市场预测、业务计划制订等方面帮助和指导新创办的公司，还通过专有技术作价入股和现金入股的方式给予这类企业技术与资金的支撑。待企业正常运转后，协会再将所持股份出售。

（7）开展全球合作促进创新。协会通过开展广泛的国际交流，确保协会的发展处于世界科技和产业发展的领先地位。为此，协会在世界上主要经济体设立了分中心/代表处，不仅在欧洲设立联络办公室，还在美国设立了协会研究中心，同时在亚洲多个国家设立了协会代表处[2]。

7.2.2　日本科学技术振兴机构

日本科学技术振兴机构（JST）于2003年10月正式成为独立行政法人单位，其为国家科学计划的主要实施机构，旨在实现科技立国的战略目标。JST以技术创新为宗旨，在夯实科技基础的同时致力于推动从基础研究到企业应用研究的技术转移，最终实现日本的科技振兴[9]。

1. 主要职能

JST的主要职能包括整合政产学研金资源开展应用研究，加强科研基础设施建设，集聚国内外高水平科研人员，推动科技成果转化以及科学技术教育的普及。JST会根据国家科技发展需求制定相应目标与年度计划，并对计划执行情况进行评审，同时根据评审结论对下一期目标和计划进行调整[9]。

2. 组织架构

JST的组织架构可概括为“三个本部、两个中心”，即战略创新事业本部、产学合作事业本部、信息事业本部，以及社会技术研究开发中心和研究开发战略中心。此外，还设有日本科学未来馆，承担面向国民的科普任务。

3. 资金来源

JST主要采用公开招标和项目负责人实施两种形式提供经费资助。公开招标分为“团队型研究”和“个人型研究”两种，团队型研究项目每年通常启动10项左右（一般以5年为期），个人型研究项目期限一般为3年，资助力度较小。而在“负责人实施”方式下，负责人自己制定计划组织实施。

4. 运行机制

JST经营模式有如下特征：一是实行行政首长负责制。行政首长作为法人代表全面负责机构的经营管理，除重大事项需经集体讨论后裁决外，日常事务可直接决定。二是实行中期目标管理制。即独立行政法人根据政府主管部门给机构设定的发展量化目标，拟定实施计划，并作为政府主管部门评估和考察独立行政法人业绩的重要依据。三是人事制度实行公务员与非公务员并存制。四是财务管理实行非完全企业会计制。由此可见，独立行政法人制度不仅明晰了机构的责任，还增大了机构的自主权，规范了政府对机构的法治化管理，同时强化了研究机构和研究人员的竞争意识。

7.2.3 台湾工业技术研究院

二十世纪六七十年代，台湾经济发展面临着工业结构改造升级的迫切需求。在此背景下，于1973年建立台湾工业技术研究院（简称工研院）。

1. 目标定位

台湾在1979年颁布的《科学技术发展方案》中，明确提出工研院的任务：“接受政府委托研究开发，辅导厂商研究发展，加强与外界工程学术团体合作、关键性新技术引进与推广，协助中小企业研发，针对关键性新技术及新产品进行市场分析及经济评估，设置小型实验工厂，推动试验及试制服务，积极筹设能源研究所等”[10]。在工研院的创立初期，其核心任务是为产业提供技术支持，随着台湾产业的快速发展，工研院在参与制定和执行科技政策的同时逐步成为区域科技计划的主要执行者。在1986年拟定的《科学技术发展长程计划》中，明确定位工研院是“任务导向的应用研究机构”。到了20世纪90年代，工研院致力于前沿技术研究，培育孵化企业，打造科技服务公共平台，促进区域产业发展等。

2. 组织架构

工研院的组织架构会根据不同时期的发展策略进行调整。为适应外部环境和产业技术发展需求，工研院整合内部资源，构建“六所、两中心”。“六所”开展核心技术创新研究，“两中心”则负责整合各方面资源，提供综合服务。上述组织架构能够适应外界的需求，从体制上保障工研院的正常运转。

3. 资金来源

工研院创办初期的运营资金主要来源于政府拨款，后期工研院通过“四技”服务，逐渐实现自筹自支并略有盈余。此外，工研院还积极承接公共部门（含政府相关机构）项目以及企业委托项目，使得产业服务中的咨询、培训、检测、分析业务在营收中所占的比例不断增大。

4. 运行机制

（1）研发项目以产业为导向，并邀请科技和产业界专家对项目承担企业进行调查和评审，评估和判断项目研究方向是否符合产业发展需求。在运行过程中，注意将项目类别进行整合，优先支持具有前瞻性和创新性的产业。

（2）研发项目定位为共性应用技术研发和二次开发，可采用自主研发、技术引进，以及合作研发等多种形式。其中自主研发由工研院各个所或中心带头进行，而技术引进作为一种重要途径在台湾高科技产业发展过程中起到非常重要的作用。此外，工研院在项目开发和人才培养方面与产业界、学术界建立了紧密的协作关系，通过开放实验室、合作课题、共建联合研究中心等方式实现技术研发人员双聘、研究生联合培养、科研场地与设施共享的目标。

（3）核心业务为技术成果转化与推广。工研院的技术扩散主要通过技术转移、衍生公司、孵化企业三种方式来实现：

①技术转移：工研院通过为企业提供技术服务的方式开展共性技术研发，实现前瞻性技术创新的目标；

②衍生公司：为加速新技术产业化进程，工研院通过建立衍生公司实施新技术的产业化推广，带动新兴产业的发展；

③孵化企业：工研院下设的孵化中心对符合产业创新发展需求的项目进行为期3年的孵化，不仅提供场地和启动资金，同时提供技术服务、人员培训、融资指导等全方位的服务。企业成功孵化后，工研院通过持股的方式获得收益回报。

7.2.4 江苏省产业技术研究院

江苏省产业技术研究院成立于2013年9月27日，是经江苏省人民政府批准成立的新型科研组织，是全省创新体系的重要组成部分。江苏省产业技术研究院以集聚创新资源、培育发展新兴产业、支撑传统产业转型升级为宗旨，以产业应用技术研究开发为重点，以引领产业发展和服务企业创新为根本，组织开展产业技术研究和集成攻关，创新体制机制，着力先行先试，建成需求引导、多元共建、统分结合、体系开放、接轨国际、水平一流的新型研发组织，成为我省产业技术研发转化的先导中心、人才培育的重要基地。

1. 目标定位

江苏省产业技术研究院以集聚创新资源、培育发展新兴产业、支撑传统产业转型升级为宗旨，以产业应用技术研究开发为重点，以引领产业发展和服务企业创新为根本，组织开展产业技术研究和集成攻关，创新体制机制，着力先行先试，建成需求引导、多元共建、统分结合、体系开放、接轨国际、水平一流的新型研发组织，成为产业技术研发转化的先导中心、人才培育的重要基地。

2. 组织架构

江苏省产业技术研究院由总院和专业性研究所组成，实行理事会领导下的院长负责制。总院主要开展研究所的遴选、业务指导、绩效考评、前瞻性科研资助以及重大项目组织、产业技术发展研究等。专业性研究所由江苏境内的产业技术研发机构申请，经审定后确认产生，与总院签署加盟协议，其原有机构性质、隶属关系、投资建设主体和对外法律地位等保持不变，主要开展产业核心技术、共性关键技术和重大战略性前瞻性技术等研究与开发。专业技术研究所分为加盟所和新建所两种模式。加盟所是由省内的研发型企业或者研究院所，能够引领在所属行业领域，且具有较强的研发能力，经过申请和考核后加入省产研院成为专业技术研究所。而新建所是由省产业技术研究院下属国投公司、地方政府或者行业龙头企业共同出资，采用“多方共建、多元投入、混合所有、团队为主”建设的专业研究所。目前，省产研院已经按此新模式建设了17家研究所，总投资40亿元（不含研发场所），并有多家加盟研究所主动提出按新机制进行股权改造，成立企业法人性质的新型研发机构。值得注意的是，虽然这类新建专业所的规模和投资额较大，但场地、设备所有权均为地方政府所有，其自身依然是核心技术与管理团队控股的轻资产运营公司。在这种模式下，公司可以更好地实现科技成果产业化主体的市场化建设和运行机制，真正践行习近平总书记关于“研发人员创新劳动同其利益收入对接”的指示，充分调动科研人员创新创业的积极性和主动性。

3. 运行机制

（1）采用“一所两制”机制，同时拥有在事业单位（高校/科研院所）运行机制下开展高水平创新研究的兼职人员和研究所聘用的专职从事二次研发的研究人员，两类人员实行两种管理体制，促进高校、科研院所的研究人员创新成果向市场转化。

（2）采用合同科研方式，建立基于市场导向的地方支持科技成果产业化的绩效评价体系，充分发挥财政资金的使用效率，更有效精准地支持水专项成果的产业化。目前无论是新研机构还是专业所，都已形成了一套市场导向评价体系，通过实行合同科研管理机制，引导平台加快技术与市场对接的步伐，突破以往财政支持方式，不再按项目分配固定的科研经费或者补助，根据平台服务企业的技术合同额和企业孵化情况决定支持经费，从而发挥市场在创新资源配置中的决定性作用。

（3）采用“项目经理”机制。围绕实施项目，由项目经理组织团队人员、分配任务和经费使用，集中资源攻克重大关键技术和重点工程，形成先发优势。同时开展环保产业技术前瞻性研究和战略发展研究，做好后续的技术储备。采用“独立核算”机制，根据研究方向组建项目团队，在此基础上划小独立核算单位进行日常运营管理和绩效考核。

（4）采用“股权激励”机制，技术研发团队拥有科技成果的所有权和处置权，并且鼓励研发人员更多地享有技术升值的收益，通过股权收益、期权确定等方式，充分调动研发人员创新创业的积极性，让科技人员“名利双收”。

7.3 水专项产业化推广平台建设实践

在借鉴和参照德国弗朗霍夫协会、中国台湾工研院等类似机构的成功经验及模式的基础上，水专项淮河项目充分利用地方政府的产业创新扶持政策，调动市场和企业的资金投入，以政产学研用共同协作形式，在淮河流域下游江苏省盐城市建设南京大学盐城环保技术与工程研究院，有力推动了水专项特别是淮河项目优秀科技成果的转化转移与产业化应用推广，为淮河、长江、黄河等我国重点流域水污染控制与治理提供重要科技支撑。

7.3.1 平台简介

南京大学盐城环保技术与工程研究院（以下简称“研究院”）是南京大学与盐城市政府于2010年8月签约成立，2011年3月正式注册为自收自支的事业单位。2017年2月依托研究院为主体建设的水环境工程技术研究所（简称“水环所”）成为江苏省产业技术研究院正式专业研究所。研究院先后承担国家水专项课题5项，结题2项，在研3项。依托水专项成果，研究院深耕水环境治理，已在全国13个省（自治区、直辖市）为500余家企业提供了技术服务。获批工信部“国家中小企业公共服务示范平台”、江苏省首批唯一水污染控制环境应急处置队伍和江苏省水污染控制与资源化科技公共服务平台，建成石油和化工联合会“石油和化工环境保护精细化工废水处理及资源化工程中心”。

7.3.2　平台目标定位

研究院是南京大学在苏北及淮河流域的环保科技成果转化、科技创新创业的战略基地和国家重大水专项在淮河流域的重要产业化基地，有力支撑了苏北沿海及淮河流域经济的可持续发展、发展环保产业、保障饮用水安全、促进学科发展、培养工程型、复合型人才以及保障区域的环境安全。研究院对标国家和江苏省战略性新兴产业发展规划，面向环保产业创新及所属领域中科技型中小企业发展迫切需求，围绕工业废水治理与资源化、市政污水深度处理与回用、饮用水安全保障、黑臭水体治理、农村生活污水治理等水污染控制与资源化领域，整合人才、技术与设备资源，开展技术研发、检测分析、人才培训、环保管家和产业孵化等服务。研究院在淮河流域已经建立多个水专项成果转化与应用平台，这些平台不仅推动了水专项科技成果的产业化进程，还具有资源集聚、人才培养、科技创新的功能。

7.3.3　平台组织架构

研究院实行理事会领导下的院长负责制。理事会是研究院决策机构，每届任期5年，理事会由9人组成，理事会设理事长1名。院长任期5年，可连聘连任。

7.3.4 平台运行管理机制

1. 围绕市场需求开展合同科研

（1）科研与市场需求紧密结合，用水专项科技成果拓展市场，用横向业务开展推动纵向科研，最终实现双向促进。研究院依托国家重大专项子课题开发出“树脂吸附与光催化氧化为核心的废盐资源化集成技术装备”，成功应用于6000吨/年氯化钠废盐资源化工程。

（2）强调合同科研，采用费用抵扣模式，推进项目落地。环保科研机构往往面对众多企业环保技术需求，难以筛选有真实意愿投入项目研发的企业与应用场景单位，往往完成小试研究后，委托单位出于资金投入、运行成本等因素考虑，可能中断后续中试研究和工程项目。为此，项目组在技术开发过程中，采取小试-中试-工程费用逐级抵扣方式，筛选有真实意愿企业开展产业化推广与工程示范建设。避免无效付出，有效节约人力与时间成本。

（3）与高校、科研院所共建实验室，仪器设备资源共享，对高校、科研院所专家采用“双聘”模式，人才资源共享。根据企业需求，面向科研院所设立开放课题，市场资源共享。研究所已经设立3批次开放课题，资助项目20余项。面向海内外知名高校和科研院所，吸纳高层次专家团队开展协同创新，致力于水环境治理共性、关键技术突破；现有17支特聘专家团队，以项目合作、加盟课题、联合研发等方式，积极构建开放、共享、多赢的合作平台。

2. 建立全职/兼职研发、市场拓展与管理团队

研究院主要包括全职研发人员、专职管理人员和兼职人员三类。其中的兼职人员作为高校、科研院所派遣到产业化平台的重要技术力量，在科技研发与成果应用以及平台管理方面具有重要指导作用。但由于兼职人员在原单位有自己绩效考核体系，往往在平台难以投入全部精力。这不仅会造成全职人员与兼职人员沟通不畅、产生隔阂，更会导致兼职技术团队的研发工作和平台实际需

求脱节，出现研发与应用“两张皮”的现象。长此以往，平台的科技创新能力会被削弱、技术储备也日趋干涸。为提升产业化平台兼职人员工作积极性，使兼职人员与全职人员紧密结合，引导兼职人员工作重点与平台需求相一致，研究所在运行管理过程中施行以下举措：

（1）建立兼职与全职人员的互选机制。双方根据各自研究领域进行自由互选，形成“师徒结对”的模式。以盐城研究院为例：全职人员团队和兼职老师根据各自研究方向和实际需求进行互选，并签订为期两年的聘书，而后兼职老师可以围绕发展方向申请自主招聘博士或者硕士，进一步充实团队。例如，江苏省水环境工程技术研究所和南京大学签订产业研究生联合培养协议，给予平台单列15名招生计划，由研究生和平台的全职研发人员与兼职老师进行互选，通过联合培养研究生的双导师制形成“全职+兼职+专业/产业研究生”新形势下“产、学、研”项目团队。在团队中，校内导师（兼职老师）和校外导师（平台全职人员）共同商讨制定研究生的科研计划，其中校内导师侧重于指导研究生的基础应用研究，而校外导师则侧重于指导研究生的工程与产业实践，从而缔结更加紧密的科研-产业结合体，实现技术开发、产业推广、人才培养的目标。

（2）明确兼职老师岗位职责。兼职老师岗位分为研发团队负责人、职能部门负责人和平台负责人三个类别，类别之间有可能发生重叠。担任研发团队负责人的兼职老师要关心团队成员的成长，定期和团队成员面对面交流，并能够切实指导团队各类项目的申报和实施，并积极指导和参与团队技术成果的引进、二次研发和转化应用。担任职能部门负责人的兼职老师要求承担其职能部门的职责，如总工办要求完成项目的技术方案审核，战略规划部要求完成平台科技规划的制定和落实等；担任平台负责人的兼职老师则要总体负责平台的运营和发展。因此，平台不仅要明确兼职老师到驻点平台的基本工作时长，还要明确科技研发和成果转化内容，包括示范工程、技术产品或者技术服务等。同时要求兼职老师积极参与和承担市场应用拓展、高新技术和高层次人才引进以及纵向科研项目联合申报等工作。

（3）建立兼职人员激励机制。这里主要从薪酬体系、自主课题、成果转化收益和股权激励四个方面考虑，充分调动兼职人员的积极性，并采用利益一体化、分工差异化、贡献计量化的模式将兼职人员与全职人员的绩效紧密挂钩。其中，薪酬体系主要依据兼职老师的工作投入和岗位目标任务完成情况：对于担任研发团队负责人的兼职老师需要考核其实际驻点工作时间和科技产出；对于担任职能部门负责人的兼职老师则需要考核其在职能部门完成的工作量；对于担任平台负责人的兼职老师则要考核平台年度目标任务是否完成。针对平台重点研发方向，可以设定自主课题，由兼职老师组建团队在其任职学校进行科技攻关，其成果在平台落地后通过协议约定对转化的收益进行合理分配。以兼职老师科技成果转化孵化的企业，可以给予股权激励，或者直接由兼职老师组建企业运营管理团队，最大限度地激发兼职老师的积极性。以磁性树脂技术产业化为例，“十三五”期间，为尽快实现磁性树脂技术成果规模化生产和产业化应用，盐城水所先后引进社会资本组建了由兼职老师和核心团队持股的“国创新材料公司”和“国创饮用水公司”，并由兼职老师直接组建经营管理团队从事磁性树脂技术成果的产业化，在上述孵化企业的投资和推动下，不仅实现了磁性树脂产品的系列化生产，还建立了多个工程示范，有力地推进该项技术的产业化推广。

（4）利用产业研究生协同培养基地为水专项成果转化与产业化储备技术管理人才。一方面，通过在平台学习、生活、实践，增加研究生对平台认知和情感，吸引、鼓励和支持毕业生在盐城水所工作。另一方面，设置“双创”课程，搭建“双创”平台，提供“双创”资助，加速人才成长，毕业后可以尽快融入团队和水所。项目实施以来，为水专项培养多名环保科技企业骨干，其中4人及其企业承担水专项的课题任务。

3. 建立科学合理的动态绩效考核机制

大部分产业化平台在运行过程中都面临着如何建立合理、公平绩效考评体系的难题，而绩效考核体系与激励机制对于稳定员工队伍、保障平台有序运行有着重要的作用。企业以合同额为绩效依据，高校/科研院所以教学科研成果为依据，但产学研平台因内部分工复杂，因此考核的依据比较复杂。不合理的绩效考核与激励机制下，平台的横向技术服务团队会片面认为科技研发团队不仅没有直接创造经济利润，还需要大量的研发投入，而科技研发团队也会片面认为横向技术服务团队从事的工作仅仅是跑市场，缺乏创造性和技术含量。这不仅会造成平台内部协作不畅，更会影响平台科技成果转化与产业化脱节。为建立科学合理的绩效考核机制，协调科技研发与技术转移两个阶段的工作，盐城水所从考核目标、指标体系、实施方法、反馈机制四个方面考虑。

（1）结合水专项成果产业化平台任务以及省产研院的考核指标体系，由执行所长牵头技术转移部、战略规划部和财务部成立绩效考核委员会，对员工年度绩效进行考评核定。绩效考核主要包括三方面，首先是成果转化，即四技（技术开发、技术转让、技术咨询与技术服务）合同额，主要为横向项目；第二是技术创新，以纵向科研项目为主，包括基金申请、专利申请、前瞻性技术研发等，为后期发展提供技术储备；第三是管理工作，目的是培养员工的管理和协调能力，为日后企业孵化、项目产业化实施培养业务精通、管理能力强的综合型项目经理人提供基础。

（2）在保障科研人员基本薪金的同时，设立年度基本绩效点，从制度层面上起到了员工努力导向性的作用。有时，平台内部对于研发和市场推广的职能划分可能存在重叠，即研发人员也需要拓展市场，技术转移部也可以牵头负责项目的实施。以南京大学盐城环保技术与工程研究院为例，由项目团队独立牵头完成的绩效核定系数为0.35，而由技术转移部牵头、项目团队参与完成的绩效核定系数则各为0.25，因此技术转移部、总工办等职能部门的绩效根据其工作量和到账额进行核算。对于多部门之间协作完成的项目，绩效分割和分配由项目牵头部门/团队与参与者协商议定。这种模式可以在保证划小独立核算单位的同时，打破不同部门和团队限制，提升整个平台人力资源的整合和协作。

（3）考核体系是一个不断修正和完善的动态过程，平台建设初期由于自我造血能力不足，且成果产业化推广周期较长，因此设定绩效考核需要设定员工保障薪金，设立年度基本绩效点（通常为基本薪金的50%），同时不对合同科研到账额进行成本核算。到发展平稳期，平台的市场拓展和技术服务能力有所提升，绩效考核体系则倾向于合同科研为主，并对到账额进行部分成本核算。为了避免出现“唯合同论科研”的极端现象，平台需要对从事重大工程和科技攻关课题的研发人员进行绩效单列考核，即以同等岗位人员的绩效为基础，根据其从事研发项目的进展乘以系数（0.5~1.5）。到了平台发展后期，产业化基础不断增强，团队规模和能力不断提升，根据产业化项目和重大应用场景的需要会逐渐出现子平台、项目团队、孵化公司等，上述组织不仅能够实现独立运营管理和全成本核算，还能够根据项目需求在内部和相互之间形相对稳定的分工与协作。因此，在绩效考核时可以在合同科研的基础上强化标志性成果所占绩效的比重。值得注意的是，在平台发展的不同阶段中，绩效的考核与分配主体不同：在平台建设初期，还没有形成独立核算体系和紧密的团队组织，绩效考核、分配主体往往是直接针对个人；而随着平台的发展壮大，各团队逐步形成了相对独立的成本核算体系和成熟的组织架构，其绩效考核、分配主体则是建立在团队/项目组层面，再由团队/项目负责人对个人进行二次绩效分配。

（4）无论平台处于哪个阶段，都需要有健全的反馈机制和交流途径。在绩效体系建立前，需要平台内各职能部门和团队负责人进行充分沟通，设定绩效测算的依据和基本标准框架，在这一过程中要结合整个平台发展战略，可以对重点工作和存在的短板适当倾斜。依据这一基本框架，职能部门和团队负责人对本部门/团队的员工进行一次测算，汇总后根据平台实际运营情况给予整体系数的设定和调整，调整的原则是80%的人员可以达到与平台总体运营毛利相匹配的基本薪酬。通常作为科技服务型的平台，其人均毛利需达到五十万。而从省产业技术研究院2020年统计情况来看，大部分的专业所还处于发展初期阶段，一方面是由于新建平台缺乏自我造血功能，另一方面也说明这些平台需要投入更多的精力去推进科技成果产业化和商品化。一次调整后的结果需及时反馈给职能部门与团队负责人，进行二次沟通交流与核定。在这一过程中，既要考虑不同部门的差异，也要统筹考虑规则施行一致性。二次调整核定的结果汇总核定后再反馈给职能部门和团队，由各部门/团队负责人对部门/团队内个人进行绩效分配，再上报汇总后反馈给个人，在这一过程中需要注意解决员工个体合理性诉求。此外，为激励核心技术研发团队与技术转移团队，通过孵化企业、技术转移方式推进水专项成果的产业化，收益50%归核心技术研发团队，其余50%按协议进行二次分配。目前水所核心技术骨干和工龄超过五年的员工基本都持有下属孵化企业股份，一方面有助于提高员工积极性，另一方面也体现成果转化价值。

4. 坚持平台驻点服务模式，市场拓展与平台建设并重

（1）采用驻点服务模式，依托平台助力水专项成果的落地和产业化，服务地方经济绿色发展，研究院以“服务园区、扎根园区”为宗旨，依托团队的技术力量和人才优势，将服务区域由江苏辐射至河南、安徽、江西、山东、内蒙古等13个省（自治区、直辖市），以园区出钱建平台、研究院出人出技术的合作模式，在滨海、灌南、东至、湖口、永修、乌海等地建立多个服务基地，开展环境咨询、技术研发、检测分析、设施运营、人才培养等驻点服务，为园区环保决策、企业环境综合治理提供有力保障。驻点平台上的人员吃住在园区、工作在治理现场，往往具有双重身份，他们不仅是研究院的员工，还是园区企业污水处理站的技术副站长、环保工程师，得到了地方政府和企业的高度认可。首创“技术代运行”模式（即由园区、企业建污水处理设施，交由研究院运行管理收取运营费），已经成为国家发改委的示范试点。在上述服务过程中，研究所自身能力也得到了很大的提升，先后取得国家高新技术企业、国家中小企业公共服务示范平台等省级以上平台资质与荣誉。

（2）各平台根据在环保产业链定位、分工，协作完成水专项成果产业化推广。建立线上、线下项目会商机制，盐城水所下属各平台与企业拥有工程设计、施工、检测CMA、咨询等资质，因此在研发、设计、施工、采购、运维等

环节紧密配合协作，实现成果顺利产业化落地，也避免了同质化竞争。此外，为降低产业化过程中的市场风险，研究所对所有产业化项目进行线上、线下系统管理，做到风控与效率兼顾。项目负责人有权调动职能部门参与项目的技术、商务、工程施工与运维阶段。

7.3.5 平台建设主要成效

研究院依托水专项技术成果，孵化了水专项技术团队控股、市场化服务社会的股份制公司——江苏南大华兴环保科技股份公司。公司成立于2016年5月，注册资本5000万元，具备废水、废气工程设计专项乙级、市政排水工程设计专业乙级，市政公用工程施工总承包、环保工程专业承包三级等资质。公司是南京大学和国家水专项在盐城环保科技城的产业化基地，江苏省产业技术研究院水环境工程研究所（盐城）共建单位，承担环保新技术的二次研发和示范推广。公司在高浓度有机废水治理领域拥有基于特种树脂吸附高品质盐回收预处理技术、全混式铁碳微电解+芬顿氧化去毒性技术；在含氮废水方面有高有机氮废水电化学催化氧化脱氮技术、高氨氮废水氨回收技术；在生化处理方面，拥有专利的强化稳定流外循环的UASB技术、基于耐盐菌种的好氧同步硝化技术；工业尾水处理方面有基于催化臭氧的高效臭氧氧化技术、脱氮技术等；废气方面可提供基于安全吸附回收的有机废气净化与资源化技术；盐资源化方面，可为企业提供品质符合行标、国标的特有的净化技术；在工业园区地下水修复方面，基于管控与治理，有成功案例。在国内服务十多个省市，服务企业超过千家，业务范围覆盖水、大气、固废、土壤、生态全领域。研究院发展成为国家中小企业公共服务示范平台，孵化了江苏南大华兴环保科技股份公司、江苏国创新材料研究中心有限公司、南大盐城环保检测科技有限公司、南京环保产业创新中心有限公司等高新技术企业。

1. 人才队伍规模与结构不断优化

研究所已经形成一支290人规模的创新创业人才队伍，其中全职人员187

人，常驻兼职人员23人，引进兼职研究员17人；全职人员中高级职称21人，中级职称61人；硕士及以上学历者133人。团队入选教育部创新团队和科技部创新团队，被评为盐城市五四青年集体、盐城市优秀科技创新团队，团队人员获江苏省科技服务业“百优”人才、盐城市科技企业家、盐城市新长征突击手、盐城市劳动模范、盐城市五一劳动奖章等荣誉称号。拥有8880平方米的办公、研发场地，建有小试研究平台、中试研究平台、分析测试平台和综合管理平台。研究院衍生企业江苏南大华兴环保科技股份公司一期占地50亩，建有12500平方米的研发、办公大楼和12000平方米的标准化厂房。已投入3000余万元购买液质联用仪、气质联用仪、原子吸收光谱仪、电感耦合等离子体质谱仪、液相色谱仪、气相色谱仪等100余套实验设备和分析检测仪器。

2. 技术创新与成果转化能力显著提升

研究院主持与参与省部级以上科研课题57项，其中国家级项目10项。累计申请专利247件，授权专利113件；研发的污染物资源化、能源化与无害化处理技术装备在多个化工园区、龙头企业建立了工程示范；荣获国家科学技术进步奖二等奖、国家优秀专利奖、省部级科技一等奖各两项；研发的磁性阴离子交换树脂耦合同步脱氮除磷技术装备入选国家重大科技成果展，光催化-吸附的盐资源化集成技术装备列入《国家鼓励发展的重大环保技术与装备目录》。

3. 赋能地方产业发展贡献得到社会认可

通过实施“十园百企”行动计划，研究院在淮河流域、沿海、沿江地区设立十余个环保服务平台，为17个省份800多家企业提供逾千次的环保技术服务，2019年获批成为江苏省科技公共服务平台。建立基于毒性减排的化工园区间接排放标准在南京江北新材料产业园得到应用，首创第三方“技术代运行”模式成为国家试点。为更好地支撑行业发展，研究所搭建科技前沿信息共享平台，举办20多场绿色发展论坛与环保技术研讨会。

4. 衍生孵化企业数量与质量不断提升

研究所累计衍生孵化20余家环保科技企业，其中A类衍生企业12家，高新技术企业3家；衍生孵化企业员工400余人。企业资质能力提升显著，拥有环境工程设计、环境工程总承包、检验检测、环保设施运维、环保管家服务等资质（能力），并通过“三标一体”认证；多家企业荣获江苏省优秀民营企业、江苏省科技型企业、江苏省苏南国家自主创新示范区瞪羚企业、南京市创新型领军企业、南京市瞪羚企业等荣誉称号。

5. 管理制度体系规范、合理、高效

建立了较为完善的管理制度体系，贯彻南京大学校外平台“三重一大”集体决策要求，日常运行规范有序。构建了网络信息化管理体系，基本覆盖了研究院项目审批、招标采购、人事管理、日常办公等领域，48小时内完成项目所有线上审批流程。

7.3.6 平台未来提升途径

1. 形成“学科建设—人才培养—产业发展”良性互动

通过建立技术测试、应用示范、产业化推广平台，为学科发展提供中试场所和大型工程装备，成为高校与环保产业界互动的桥梁。培养和锻炼一批有能力开展全链条创新的学科带头人和学术骨干，并通过产业研究生协同培养计划创新人才培养范式，培养基础理论扎实、技术研发能力强的创新人才，在助力地方产业发展的同时，助力高校科研机构的学科发展和人才培养。

2. 聚焦应用场景，构建环境质量改善技术支撑体系

通过技术创新和开发式创新，构建生态环境风险防控、治理和监管的全环境质量改善技术支撑体系。采用项目经理模式和重点工程立项的方式整合资源，在水专项成果产业化过程中聚焦是环境污染溯源分析和协同治理、生态环境治理关键技术与装备、生态环境标准与政策法规，以及区域污染控制和生态

保护修复技术集成与应用示范。

3. 转变产业化平台的人力资源管理模式

构建人才梯队，选拔、培养和储备一批中长期发展需要的高层次战略型人才，并形成不同层次、多序列、动态人才培养模式，形成以创新能力、工作业绩、团队贡献为导向的绩效评价体系。

4. 不断拓展产业化平台驻点服务区域

加速企业孵化，在淮河流域、长江流域、黄河流域新建园区驻点公共服务平台，并整合所有平台与孵化企业资源，通过分工协作加速成果产出和产业化。同时依托平台实施多元化成果转化模式，通过转让、许可、作价投资等方式衍生以技术团队为核心的科创企业，形成“平台孵化器+新型研发机构+产业集聚区”的完整产业培育链条。

参考文献

[1] 陈恒, 初国刚, 侯建. 国内外产学研合作培养创新型人才模式比较分析[J].中国科技论坛, 2018 (1).

[2] 李建强, 赵加强、陈鹏. 德国弗朗霍夫协会的发展经验及启示(上)[J]. 中国高校科技, 2013(8).

[3] 祝侣, 刘小玲. 国外产业共性技术研究机构的组织模式探析[C]. 第七届中国科技政策与管理学术年会. 2011-10-22.

[4] 黎晓东, 孟潇, 付宏, 等. 北京新型科研机构发展的现状、问题及对策研究[C]. 2017年北京科学技术情报学会年会——“科技情报发展助力科技创新中心建设”论坛. 2017-11-17.

[5] 欧舒婕, 沈红. 在区域科技创新体系中非营利科研机构运作模式的研究[J]. 经济师, 2009(8).

[6] 赵加强. 基于共性技术研发的弗朗霍夫模式研究[J]. 工业工程与管理. 2012, 17(5).

[7] 王丽微, 王毅, 范强. 借鉴美、德经验,建立我国科技成果转化应用机构的几点建议[J]. 科技成果管理与研究, 2017, 12(7): 15-17.

[8] 发挥社会组织作用推动长三角科技创新一体化发展[EB/OL]. 长三角观察. https://www.toutiao.com/article/6888922254453768711/?&source=m_redirect&wid=

1661589288241.
[9] 李力. 关于日本科学技术振兴机构的研究[J].江苏广播电视大学学报, 2005(6):90-91.
[10] 陈鹏, 李建强. 台湾工研院模式及其对建设共性技术研发机构的启示[J]. 中国高校科技与产业化, 2010(8): 54-57.

第 8 章　水专项产业技术创新战略联盟建设与典型案例

产业技术创新战略联盟是指由企业、大学、科研机构或其他组织机构，以企业的发展需求和各方的共同利益为基础，以提升产业技术创新能力为目标，以具有法律约束力的契约为保障，形成的联合开发、优势互补、利益共享、风险共担的技术创新合作组织，是实施国家技术创新工程的重要载体。产业技术创新联盟是产学研合作的进一步深化，是在企业战略联盟组织形式的基础上发展形成的以提升产业创新能力为目的的技术创新合作组织。推动产业技术创新战略联盟的构建和发展，是整合产业技术创新资源，引导创新要素向企业集聚的迫切要求；是促进产业技术集成创新，提高产业技术创新能力，提升产业核心竞争力的有效途径。产业技术创新战略联盟作为新型产学研协同创新组织形态，已成为实施国家创新驱动战略，建设我国技术创新体系的重要载体。

党的十八大报告提出，要加快建立以企业为主体、市场为导向、产学研相结合的技术创新体系，以全球视野谋划和推动企业自主创新和协同创新，全力突破重大技术瓶颈，力争掌握更多关键核心技术，同时高度重视新技术新产品新工艺研发应用、技术集成和商业模式创新。产业技术创新战略联盟是市场经济条件下产学研结合的新型技术创新组织，有利于提高产学研结合的组织化程度，在战略层面建立持续稳定、有法律保障的合作关系；有利于整合产业技术创新资源，引导创新要素向优势企业集聚；有利于保障科研与生产紧密衔接，实现创新成果的快速产业化；有利于促进技术集成创新，推动产业结构优化升级，提升产业核心竞争力。参与产业技术创新联盟的政府、企业、大学和科研机构，由于各自的需求、基础条件和优势不同，选择产业技术创新联盟采取的模式也会相应地存在差异，适当的模式对于联盟各参与主体发挥自身优势具有重要的影响。2017年以来，科技部会同有关部门陆续出台《"十三五"国家技术创新工程规划》《关于进一步推进中央企业创新发展的意见》《关于推动民营企业创新发展的指导意见》等一系列政策文件继续支持和引导联盟发展。由科技部、发改委等15个部门联合发布的《"十三五"国家技术创新工程规划》也明确指出，要在深化改革的基础上，按照自愿原则和市场机制，优化产业技术创新战略联盟总体布局，提升联盟功能，加强服务，发挥联盟对推动产业重大技术创新和促进产学研协同创新的重要作用。

8.1 发达国家产业技术创新战略联盟建设的成功经验

8.1.1 美国产业技术创新联盟建设发展的成功经验

作为世界的头号科技大国，美国的产业技术创新联盟有着较长的发展历史和比较成熟的发展模式，其已经成为美国政府促进产业创新的重要手段之一。早期美国促进大学与产业相结合的主要途径是产学研合作，经过不断地深入和发展，逐渐演变成现在的产业技术创新联盟。1984年美国《国家合作研究法案》颁布，使得产业技术创新联盟不再受反垄断法的束缚。1993年，美国修改《国家合作研究和生产法案》，产业技术创新联盟的合作研究领域扩展到研发以外的生产制造环节。1985~1996年，美国大概建立了600多个产业技术创新联盟。21世纪以来，美国国家信息技术科研计划，国家纳米技术行动（NNI）以及自由车计划（FREEDOM CAR）等计划的制定和实施，拓展了21世纪产业技术创新联盟的合作领域[1,2]。

1. 美国产业技术创新联盟的模式

纵观整个美国产业技术创新联盟的形成及发展过程，美国产业技术创新联盟的组建模式最具代表性的有：政府引导联盟模式、工程研究中心模式和工业大学合作研究模式。

（1）政府引导联盟模式：主要通过政府部门直接资金资助、多渠道引资筹资方式，整合产业各方资源，诱导产业各方主体参与国家战略性技术研究的组织形式。例如美国新一代汽车合作伙伴计划（PNGV），该联盟由美国副总统直接分管，并纳入了包括能源、商务等8个权威部门在内的直接管辖，联邦政府的直接引导不仅充分调动了联邦机构在信息资源、组织管理等方面的优势，而且强化了联盟目标与国家技术发展战略目标的一致性。美国FREEDOM CAR计划、半导体制造技术联合体等是此类产业技术联盟模式的典型代表。

（2）工程研究中心模式：重点关注中大工程科学研究领域间的跨学科课题研究，突出大学同企业间的合作关系。中心研究内容不限于某一技术领域或技术应用的局部问题解决，而是涉及从制造、生产等各环节的整个过程系统、全面的研究。在研究费用方面，由联邦政府、州政府、工业和大学共同缴纳构成。另外，工业界除了每年需提供三成左右的中心研究资金外，还需要为工程研究中心在科学研究仪器、器械等设备方面给予无偿援助。在组织管理方面，工程研究中心的方式非常灵活，中心组织架构依据不同的高校其各自特点也不同。此外，新型工程人才的培养也是工程研究中心的重要任务，通过开展多学科的综合教育、开设继续工程教育计划等形成了不同于传统大学的工程研究中心独特文化，如美国麻省理工学院、斯坦福大学等研究性大学纷纷建立了工程研究中心。

（3）工业大学合作研究模式：根据企业的要求开展课题研究，旨在加强企业与大学间长期科研合作。工业大学合作研究中心（IUCRC）主要任务是解决行业内共性问题。研究中心在机构上并不依附于企业或高等院校，有着中心自己的技术物资等。在组织形式上，一是单对多的合作形式，通常由一所高等院校与多个企业联合形成的组织方式；二是多对多的合作形式，即多个大学与多个企业间的联合研究方式；三是计划合同的合作方式，IUCRC通过与产学方签订共同的合作协议，推动各项合作研究工作的安排和开展。

2. 美国产业技术创新联盟的成功经验

作为传统的科技强国，成熟的自由市场体制以及完备的科技法律制度和高比例的研发教育投入，使得美国成为世界上最为完备的国家创新体系的国家，当然其在产业技术创新联盟的发展中也有一套独特的运营经验。

（1）大规模、高强度的创新投入。1980年美国的R&D投入占GDP的2.3%；2002年投入2900亿美元，仍占GDP的2.79%；2009年R&D投入近4000亿美元，居世界之冠。目前工业界的R&D投入高达美国研发实际投入的70%。除了政府和企业的投入外，风险投资以其独具的投资特点和经营管理方式，推动着科技成果向商用化发展。硅谷1998年的风险投资超过40亿美元，占当地GDP的2%。

（2）具体明确的联盟目标。特定的联盟目标不仅确保了联盟具体运行时的可操作性，也加强了联盟各方的信任和合作交流。例如在创新联盟中比较成功的半导体制造技术联合体，就是将开发5~8年后能广泛应用的技术作为联盟的研究目标。1982年，微电子和计算机技术公司的成立目标则是针对日本出台的第五代人工智能计算机计划。

（3）高效的风险投资介入。据统计，在美国约有90%的高科技公司是在风险投资的帮助下成长的，如微软、苹果和英特尔公司等。美国公立性的风险机制也在不断壮大，例如美国国家科学基金会推出的小企业创新研究项目等。美国的产业创新联盟大多集中在如信息产业、生物科学等高科技领域，其高风险、高投入、高收益的特点正好与风险投资相吻合。

（4）完善的市场机制保障。对于美国很多企业来说，研发活动早就成为其经营活动的重要组成部分，满足市场规律的技术研究意识早已深深扎根在企业的内部，正是有这样的技术研究意识才使得美国企业在科技创新中主体地位早已形成。例如美国半导体制造技术联合中心的高管人员均来自联盟活动成员企业，对联盟运行进行统一管理。

3. 美国成功经验对我国产业技术创新战略联盟建设的启示

我国产业技术创新联盟起步较晚，现阶段主要特点是联盟区域覆盖广泛化，联盟行业分布多元化，联盟形式趋于多样化；存在的主要问题是联盟主体各方角色不清，联盟的具体运作存在问题，外部环境建设有待改善。结合美国的成功经验研究，我们国家应首先通过确立企业的联盟主体地位，狠抓政府调控职能，提升产学研的合作意识，明确联盟主体行为角色，通过明确联盟定位和目标，构建灵活的组织方式，规范联盟项目和完善利益及风险机制，强化联盟自身建设，通过构建完善的技术创新联盟网络信息平台，加强中介服务机构和市场化制度建设，营造良好的联盟外部环境。

8.1.2　日本产业技术创新联盟建设发展的成功经验

日本的产业技术创新联盟是多家企业通过特定方式组成联盟，进行科技资源共享、共同研发相关技术的合作形式[3,4]。1961年，日本政府颁布实施了《工矿业技术研究组合法》，鼓励企业间加强合作，参与政府主导的产业共性基础技术、关键技术的研发活动，推动产业技术创新。以该法为核心，配以一系列相配套的财政补贴、税收优惠政策措施，形成了特色鲜明的产业技术创新联盟政策体系。2009年4月，为适应产业技术日益高度化与复杂化的新形势，日本政府再次对该法进行了重大调整，并于6月22日颁布实施修改后的《技术研究组合法》。

1. 日本产业技术创新联盟的组织形式

日本的产业技术创新联盟自20世纪60年代开始兴起，其历史较长，实践经验丰富，成效显著。其早期的实践形式主要表现为企业在研发环节的合作，20世纪80年代之后，企业在技术标准环节的合作开始涌现。日本的企业间合作研究开发可分为三大类，一是参加者间缔结合作研究开发契约，并共同提供研究开发经费而开展者；二是参加者共同出资成立另一法人机构公司而开展者；三是依据“工矿业技术研究组合法”，设立“技术研究组合”而开展者。根据日本公平交易委员会1982年首次开展的制造业企业调查，94.2%企业的合作研究开发中属于第一类，5.5%属于第三类，仅有0.3%属于第二类。尽管以技术研究组合形式开展的合作研发在总体占所比例不大，但多家企业（6个以上）参与的研发活动几乎都是以这种方式进行的。这类形式在组织结构、运行机制、创新效果等方面更具日本特色。

2. 日本政府引导与支持产业技术创新联盟的成功经验

建立完善相关法律、法规、规范等制度，为产业技术创新联盟的发展创造良好环境。企业的技术合作联盟行为涉及参与者各方利益、权利与义务、研究开发的经营管理、竞争的公平性等诸多问题，政府有必要通过相关立法等手段为其保驾护航并规范其行为。为此日本政府自20世纪初即不断建立和完善与产业技术创新联盟相关的法律法规等制度。1961年日本政府颁布《工矿业技术研究组合法》，其后根据实际情况和相关法律的立法与修订状况进行了多次修订（最新一次修订为2006年），该法赋予技术研究组合法人资格。这一法律的实施使技术研究组合这一新生事物有法可依，规范发展。

一是依据法律进行政策配套，对产业技术创新联盟给予一系列优惠政策扶持。早在1948年日本政府就制定了“工矿业技术研究补助金交付制度”，从1950年开始通过业界团体对民间企业实施应用研究、工业化试验、试制机械等予以30%~50%的经费补助。政府对于业界团体组织开展的共同研究，优先给予工矿业技术研究补助金。这对于弥补当时企业单独开展研发能力不足、鼓励其开展共同研究产生了积极的作用。1961年《工矿业技术研究组合法》出台后，日本政府又相继推出了税收优惠等一系列配套措施，鼓励产业技术创新联盟的发展。例如，开放国公立大型研究设施及资助民间企业建立共用研究设施，对于民间单一企业难以承担的大型、造价高昂的共同利用设施，由国家出资建设，或以国家中央政府和地方政府补助、企业联合出资的方式兴建。

二是在科技计划与项目方面对产业技术创新联盟给予倾斜支持。政府将技术研究开发组合等产业技术创新联盟视作国家重大产业技术计划的实施主体和创造知识产权及产生重大技术标准的重要平台，往往将各类国家重大产业技术开发及标准化项目以委托费或补助金方式交给产业技术创新联盟具体实施。日本经济产业省的重大产业技术研究开发计划，无论是20世纪60年代的大型工业技术研究开发委托费制度、70年代的阳光计划和月光计划项目、80年代的下一代基盘产业技术研究开发项目、90年代的地球环境产业技术研究开发项目、产业科学技术研究开发项目，还是21世纪后的研究开发计划和创新计划，尽管重大产业技术研究开发计划本身随着时代发展的需要不断创新变化，从追赶欧美型转向创新开拓型，其在国家科技基本计划中的定位也更加明确与突出，但实施的基本模式并没有改变，其承担主体基本上都是以技术研究组合为主要形式的产业技术创新联盟。

三是推出国家战略与具体行动计划，为企业技术标准化创造环境，对产业技术创新联盟提供直接或间接的支持。2001年以来，日本政府连续出台与标准化相关的战略和计划。例如，日本经济产业省相继推出“标准化战略及各分领域标准化战略”（2001年）、“国际标准化活动基盘强化行动计划”（2004年）、“国际标准化战略目标”（2006年），日本政府知识产权战略本部推出“国际标准综合战略”等。2006年4月开始实施的“第三期科技基本计划”亦强调从研究开发阶段即考虑标准化问题的重要性，提出必须在研究开发计划中明确定位知识产权战略和标准化战略。这一系列从国家发展战略高度全面推进国际标准战略和行动计划，为技术标准联盟等产业技术创新联盟创造了良好的发展机遇。

3. 日本成功经验对我国产业技术创新战略联盟建设的启示

日本的技术研究组合等产业技术创新联盟作为国家产业技术政策的有效工具与重要平台，为国家重大产业技术计划的顺利实施、开展产业共性基础技术、关键技术等的研究开发、促进支柱产业的技术进步和新产业的发展发挥了作用。我国如何将企业这一产业技术创新主体组织起来，形成推动技术创新的强大合力是必须解决的紧迫课题。这方面日本的经验非常值得我们借鉴学习。

产业技术创新联盟的发展需要宽松、适宜的环境和肥沃的土壤。日本企业界之所以能够成为名副其实的技术创新主体，其产业技术创新联盟之所以能够承担起成为国家重大产业技术创新政策的实施平台的重任，其前提条件是日本在各主要支柱产业均拥有一批具有自主创新能力和实力的企业。而要培育出一大批这类企业，则需要创造让国家和社会资源向促进企业技术创新方向聚集的社会环境和回报机制，需要国家将产业政策与技术政策结合推进，为企业生存发展、提高自主创新能力创造条件。日本产业技术创新联盟组织形式多样，这与日本不断建立和完善与民间社会团体相关的法律法规与制度软环境是分不开的。因此，我国也应尽快研究出台与完善各类民间组织相关法律法规，为各种类型的产业技术创新联盟的设立和规范运行提供制度保证。

产业技术创新联盟的发展离不开政府强有力的引导和支持。我国也应该借鉴日本的经验，尽快研究制定包括各税收优惠政策在内的一系列优惠政策措施，引导产业技术创新联盟的发展。同时，应将国家重大科技创新计划与项目作为培育企业创新能力的有效平台，通过相关计划、项目等对产业技术创新联盟给予直接的资金、技术、人才等方面的支持。

8.2 水专项产业技术创新战略联盟建设概况

生态环境技术创新和成果产业化推广是一项复杂的系统工程，少数单位无法独立完成，需要整合各学科的优势力量，摸索“政”“产”“学”“研”“用”之间合理组合的运行机制，形成共同的利益诉求。为加快水专项成果转移转化和产业化推广，建设一批高水平、高层次的产学研用结合的综合示范基地，研发、集成和推广应用一批制约水污染治理的关键技术、核心技术和共性技术，根据国务院科技重大专项组织实施推进会议精神，以及《关于推动产业技术创新战略联盟构建的指导意见》（国科发政〔2008〕770号）、《关于推动产业技术创新战略联盟构建与发展的实施办法》（国科发政〔2009〕648号）、《水体污染控制与治理科技重大专项管理办法》（试行）和《民口科技重大专项资金管理暂行办法》（财教〔2009〕218号）等文件要求，2013年1月原环保部印发了《环境保护部水体污染控制与治理科技重大专项产业技术创新战略联盟工作管理暂行办法（试行）》。该文件对水专项产业技术创新战略联盟建设工作提出纲领性指导。

8.2.1 联盟建设的指导思想

围绕国家培育和发展战略性新兴产业的要求，以市场需求为导向，以提高自主创新能力和成果转化能力为目标，以实施环保先进技术研发应用、重大环保技术装备及产品产业化、推进培育环境服务业为重点，以创新型（试点）企业、高新技术企业、国家和省级技术中心或转制院所为主体，围绕产业技术创新链，运用市场机制集聚创新资源，实现政府、企业、高校和科研机构等在战略层面的联合，通过产业化推动水专项实施的重点流域综合整治和水质改善，促进环保产业发展。

8.2.2 联盟建设的基本原则

联盟构建的基本原则是坚持“企业主体、政府引导、权责明确、创新引领、强化管理”。

（1）发挥企业主体作用。企业是产业技术创新战略联盟构建的主体，是联盟创新战略的主要制定者、组织者和实施者，以及创新资金和条件等创新资源的主要投入者。高校、科研院所是产业技术创新战略联盟的主要技术支撑。

（2）加强政府扶持和引导。不断加大政策扶持力度，完善政策环境、融资环境，创新管理方式，建立协调机制，运用市场机制推动重点领域联盟的构建和发展。

（3）建立权责明确的契约关系。要立足于企业创新发展的内在要求和合作各方的共同利益，通过平等协商，建立具有法律效力的联盟多边协议，明晰各成员单位的责权关系，确立投入、决策、风险承担、利益分配、知识产权归属等机制，保障联盟正常运作。

（4）发挥技术创新引领。联盟要发挥技术转移和人才溢出作用，将水专项科研成果应用到水污染治理的产业化过程中。积极为产业链中的企业服务，带动企业技术创新，促进产业孵化，适时向联盟外的企业转移和辐射，形成技术成果的扩散机制和核心竞争力。

（5）强化监督管理。发挥国家水专项管理办公室的管理和监督作用，制定联盟构建和长效发展机制，分轻重缓急，成熟一个、构建一个；建立联盟绩效评估、监督检查和退出机制，实行动态管理。

8.2.3 联盟建设的主要任务

围绕流域水污染治理的重点和难点问题，在水污染治理先进技术和装备、水污染治理产品和材料制造、水体生态治理产业技术及环境保护服务等重点领域，组织企业、高校和科研机构等开发水污染治理整装成套技术与设备，形成重要的知识产权和产业技术标准。实施技术转移，加速科技成果的产业化，孵化优秀产业企业，提升产业整体竞争力。开展环境服务业试点建设，构建环境服务业市场化运作模式。开展国际合作，充分引进、吸收和消化国际先进理念和技术。联合培养人才，加强人员交流互动，为产业技术创新提供人才支撑。

8.2.4 联盟建设的主要目标

联盟的主要目标是解决水污染控制、水体生态修复以及环保新材料、新设备研发等领域的技术难题，提出综合环境问题的系统解决方案；联盟所提供的产品和服务在所属领域内的市场占有率应达30%以上，涉及设备的，其国产化率要达到70%以上；辐射区域污染减排80%以上；建立开放的公共服务平台；培养一批水环境学科创新型人才和环保产业领军人才，培育一批具有国际水平和竞争力的科研团队和环保企业。

8.2.5　联盟建设的首批试点名单

2014年5月9日，原环保部办公厅印发了《关于发布水专项首批产业技术创新战略联盟试点名单的通知》。通知指出，根据《环境保护部水体污染控制与治理科技重大专项产业技术创新战略联盟工作管理暂行办法（试行）》（环办函〔2013〕93号）、《关于开展水体污染控制与治理科技重大专项产业技术创新战略联盟试点工作的通知》（水专项办函〔2013〕78号）等文件精神，在自愿申请的基础上，经审核，同意“水处理膜材料及装备产业技术创新战略联盟”等8个联盟开展水专项首批产业技术创新战略联盟试点工作（名单见表8-1），为期2年；要求各联盟围绕产业联盟建设目标，完善产业链和创新链，积极探索构建产学研合作长效机制，结合水专项相关产业化课题，加强产业技术研发创新和成果转化。环境保护部水专项管理办公室负责对联盟的跟踪指导和管理，各省级水专项协调领导小组办公室、各有关单位要加强对联盟的支持，促进联盟健康发展。其中，有机化工废水污染控制与资源化产业技术创新战略联盟是由水专项淮河项目产业化推广平台-南京环保产业创新中心有限公司牵头建设。

表8-1　水专项首批产业技术创新战略联盟试点名单

序号	联盟名称	牵头单位	成员单位
1	水处理膜材料及装备产业技术创新战略联盟	北京碧水源科技股份有限公司	天津膜天膜科技股份有限公司 江苏一环集团有限公司 青岛国林实业股份有限公司 无锡市高新水务有限公司 昆明滇池投资有限责任公司 珠海水务集团有限公司 青岛水务集团有限公司 中国环境科学研究院 清华大学 中国市政工程华北设计研究总院 浙江大学 江南大学 四川环能德美科技股份有限公司
2	水环境监测装备产业技术创新战略联盟	聚光科技（杭州）股份有限公司	中国环境监测总站 中国科学院电子学研究所 中国科学院化学研究所 中国环境科学研究院

续表

序号	联盟名称	牵头单位	成员单位
2	水环境监测装备产业技术创新战略联盟	聚光科技（杭州）股份有限公司	中国科学院合肥物质科学研究院 武汉市环境监测站 河北先河环保科技股份有限公司 广州市怡文环境科技股份有限公司 中国科学院生态环境研究中心
3	污泥处理处置产业技术创新战略联盟	无锡国联环保科技有限公司	北京金城智业科技发展有限公司 清华大学环境学院 山东景津环保股份有限公司 上海市政工程设计研究总院（集团）有限公司 北京北华固废环境工程有限公司 上海城投污水处理有限公司 浙江环兴机械有限公司 机科发展科技股份有限公司 安阳艾尔旺新能源环境有限公司 天通新环境技术有限公司 北京嘉博文生物科技有限公司 裕川环境科技有限公司 诸暨市菲达宏宇环境发展有限公司
4	冶金工业废水处理及资源化产业技术创新战略联盟	中冶建筑研究总院有限公司	中冶京诚工程技术有限公司 中冶南方工程技术有限公司 中冶华天工程技术有限公司 中冶建研工程技术有限公司 中国科学院过程工程研究所 北京林业大学 北京国环清华环境工程设计研究院有限公司 北京博泰盛合科技有限公司 北京赛科康仑环保科技有限公司 日照钢铁控股集团有限公司
5	水环境监控预警服务产业技术创新战略联盟	北京中环国宏环境资源科技有限公司	中国环境科学研究院 聚光科技（杭州）股份有限公司 中国船舶重工集团公司第七一五研究所 无锡高科物联网科技发展有限公司 北京鼎盛光华科技有限责任公司 青岛本源环境技术发展有限公司 环境保护部卫星环境应用中心 南京大学 南开大学 辽宁省环境监测实验中心
6	有机化工废水污染控制与资源化产业技术创新战略联盟	南京环保产业创新中心有限公司	南京大学盐城环保技术与工程研究院 南京大学、中国科学院生态环境研究中心 环境保护部南京环境科学研究所 环境保护部华南环境科学研究所 江苏省环境科学研究院 盐城市环境科学研究所 南京中电环保股份有限公司 盐城工学院 盐城师范学院 南京科盛环保科技有限公司 江苏北辰环境科技有限公司 江苏淮河化工有限公司 淮安万邦香料工业有限公司 江苏绿叶农化有限公司

续表

序号	联盟名称	牵头单位	成员单位
6	有机化工废水污染控制与资源化产业技术创新战略联盟	南京环保产业创新中心有限公司	江苏亚邦染料股份公司连云港分公司 江苏吉华化工有限公司 盐城市瓯华化学工业有限公司
7	石化废水处理与资源化及成果推广产业技术创新战略联盟	南京中电环保股份有限公司	南京大学 华东理工大学 南京工业大学 河海大学 中国石油化工股份有限公司抚顺石油化工研究院 江苏省环境科学研究院 南京大学盐城环保技术与工程研究院 安徽中环环境科学研究院有限公司 洛阳隆惠石化工程有限公司 江苏久吾高科技股份有限公司 南京国能环保工程有限公司 爱思特水务科技有限公司常州姚氏同德化工有限公司 南京科盛环保科技有限公司 上海华畅环保设备发展有限公司 南通水山环保设备有限公司
8	纺织印染行业废水处理与资源化产业技术创新战略联盟	厦门市威士邦膜科技有限公司	中国印染行业协会 清华大学 上海市政工程设计研究总院（集团）有限公司 杭州萧山水务集团有限公司 中国科学院城市环境研究所 恒天立信环境工程（深圳）有限公司 无锡沪东麦斯特环境工程有限公司 青岛国林实业股份有限公司 绍兴中纺院江南分院有限公司（中国纺织科学研究院江南分院） 盛虹集团有限公司 辽宁华福实业股份有限公司 鲁泰纺织股份有限公司

8.3　有机化工废水污染控制与资源化产业技术创新战略联盟建设发展

20世纪80年代以来，世界化工生产中心由欧美转向中国和印度，促进了我国化工行业的迅猛发展，成为国民经济支柱产业。中国成为世界第三大化学品生产国，第二大化学品消费国。化工废水是水环境中有毒物质的主要来源之一，是环保治理的重点。2010年，化工行业废水排放总量约为31亿吨。有机化工废水往往具有浓度高、毒性大、组分杂、难降解等共性问题，通过简单的物化、生化等常规处理技术不仅难以满足达标排放要求，而且容易造成严重的二次污染和资源浪费，因此是国内外水污染控制的难题。国内外先进经验表明，建立“源头清洁生产减量化—废水分类处理资源化—综合集成削减无害化”技术体系至关重要。

然而，与工业发达国家相比，我国化工环保技术还存在着很大差距。我国化工污染控制研究存在的问题：①目前我国大量化工企业的废水处理与污染控制能力不足，技术和装备水平低。发达国家先进的技术体系难以直接引进吸收，创新难度大，亟须进一步提升我国有机化工毒害污染物控制与化工废水及所含资源利用水平。②从事化工污染控制的环保产业规模小、研发周期长，产品低水平重复，互补性差，服务业在产业中比例较低，需要加强研发平台建设，推动产业技术创新联盟发展。③科研院所与企业脱钩严重。目前普遍存在研究人员不了解市场，与市场脱节，成果转化慢等现象，高校的现行机制也不利于成果转化；高端环保材料与药剂受制于发达国家。所以，需要围绕产业链及国际产业技术前沿建立产业技术创新联盟，联合攻关，打通科研院所与企业的联系的瓶颈，推动高端环保产业发展。

8.3.1 联盟概况

“有机化工废水污染控制与资源化产业技术创新战略联盟”（以下简称“联盟”）于2014年5月由国家生态环境部批复成立，是国家重大水专项首批8个产业技术创新战略联盟之一。联盟牵头单位为国家级高新技术企业“南京环保产业创新中心有限公司”，理事长单位为国家工信部五星级科创平台“南京大学盐城环保技术与工程研究院”。在第一届理事会（南京大学李爱民教授担任理事长）的努力下，经过6年多的初期发展，联盟成员由南京大学、生态环境部南京环境科学研究所、生态环境部华南环境科学研究所、中国科学院生态环境研究中心、中电环保股份有限公司等19家发起单位。

8.3.2 联盟的总体目标

（1）立足缔约“有机化工废水污染控制与资源化产业技术创新战略联盟”（以下简称“联盟”）各方共同利益，集聚各方创新要素，整合优势科技资源，围绕有机化工行业转型升级、大型化工企业节水减排、化工园区生态化改造的紧迫需求，优先在淮河、江苏沿海等重点流域区域建设公共技术创新平台，强化“产学研用”长效合作机制和战略合作关系，突破有机化工行业污染控制、毒害有机污染物资源化利用等方面共性、关键性的瓶颈技术难题。

（2）围绕有机化工废水污染控制与资源化产业链，配置、完善并加强创新链、人才链、资本链、服务链，形成有机化工废水污染控制与资源化产业技术创新发展与整体提升高端支撑平台，支撑有机化工行业快速、高效、持续、健康发展。

（3）解决水污染控制、水体生态修复以及环保新材料、新设备研发等领域的技术难题，提出综合环境问题的系统解决方案；联盟所提供的产品和服务在所属领域内的市场占有率应达30%以上，涉及设备的，其国产化率要达到70%以上；辐射区域污染减排80%以上；建立开放的公共服务平台；培养一批水环境学科创新型人才和环保产业领军人才，培育一批具有国际水平和竞争力的科研团队和环保企业。

8.3.3 联盟的运管机制

1. 联盟的组织机构及职责

为确保和实现“有机化工废水污染控制与资源化产业技术创新战略联盟”长期有效管理，制定了联盟章程，设立理事会、秘书处和专家委员会三大机构，以管理、监督联盟正常运行。

（1）理事会：通过公开、公平、公正选举，理事长单位为南京大学盐城环保技术与工程研究院，各理事单位在成员单位中推选产生。理事会由理事长单位及各理事单位委派人组成，设理事长一人、副理事长一人、理事若干人，理事会每届任期三年。其中，理事长由南京大学盐城环保技术与工程研究院派人担任，副理事长由南京环保产业创新中心有限公司派人担任。理事会的主要职责是维持联盟稳定运行，制订和修改联盟章程；批准和取消联盟成员资格；选举联盟理事长、技术委员会主任、秘书处秘书长；听取和审议技术委员会、秘书处的工作报告；根据技术委员会的建议，决定联盟技术发展方向与重点工作任务，协调资金筹措、使用、成果转化及收益分配方案等重大事项；审议、批准和修改联盟内部管理条例；决定联盟组织的变更和终止；决定秘书处内部机构的设立和撤销；审议财务预、决算报告；讨论和决定其他重大事项。

（2）秘书处：秘书处是联盟的常设办事机构，是联盟具体事宜的执行组织。秘书处职责：具体执行理事会的决定、决议，协助理事会管理各专业部门及成员在联盟内的活动；对成员单位承担的战略联盟各项工作的进度进行督促，协调各成员单位之间的合作；向成员单位提交年度工作报告，及时准确地披露联盟相关信息，提高各方信任度；负责收取会费及财务管理工作；负责联盟文件的收发、起草、存档等日常事务工作。秘书处实行秘书长负责制，设秘书长一人，副秘书长二人。秘书处工作人员二人，由秘书长聘任，任期三年。秘书处办公地点设在南京环保产业创新中心有限公司。秘书处所需公用办公经费由联盟理事会根据秘书处年度工作计划负责提供并给予切实保障。

（3）专家委员会：联盟专家委员会是为提高联盟开展创新项目研究的科学化水平而设立的。其主要任务是为创新联盟在化工污染控制与资源化领域开展的科技活动提供决策依据，并对科技活动实施的过程和结果进行监督。专家委员会的工作职责是负责制定联盟的技术发展方向与重点项目，并积极争取国家立项和资金支持；对项目进行论证、监督、评审，根据有机化工废水污染控制与资源化产业技术发展趋势，制定联盟内项目滚动计划；指导项目负责人提出制订与该项目有关联的技术战略方针；审查各课题技术方案，检查和评定项目及课题的执行情况。技术委员会可定期或不定期召开会议，形成共识后向理事会提出建议；定期召开联盟成员单位之间的技术交流会，构建其交流、合作平台，协助联盟内企业解决其发展中遇到的各种技术难题。联盟专家委员会及各专业专家技术组由理事会聘任，是联盟的技术决策咨询机构，主要由联盟内科研机构、大专院校和企业技术人员、联盟理事会聘请的资深专家组成，其组织架构形式为主任一名，副主任二名，成员若干名，每届任期三年。

2. 联盟成员任务分工

通过构筑以政府为引导、以市场为主导、企业或园区为主体、高校科研院所为主要技术依托的政产学研用“链式”战略联盟，形成风险共担、成果共有、利益共享的政产学研用合作机制。

3. 联盟收益分配原则和知识产权管理

联盟成员共同约定南京环保产业创新中心有限公司，作为联盟对外承担责任的主体，代表联盟与相关政府管理部门签订任务书等文件；联盟对外签署的其他文件可由相关联盟成员就具体事项，共同出具授权委托书，委托联盟理事长单位签署。

4. 联盟开放发展机制

联盟将按照以市场为导向，以企业为主体，构建产学研相结合的开放式战略联盟的原则，吸引国内相关企业和科研设计单位、大学加入联盟。联盟将吸纳具备独立法人资格，从事化工废水控制与资源化技术、产品及设备研发、制造和服务的企、事业单位成为联盟成员，享受联盟成员权利，承担联盟成员义务。各联盟成员是独立的法人实体，联盟与联盟成员之间不形成债权债务关系。联盟成员需具备的基本条件：拥护联盟章程，遵守有关协议内容；在化工废水处理技术与装备制造行业内，具有一定的代表性和影响力，具备相对完整的研发体系，致力于推动化工废水处理技术与装备行业技术进步。同时需理事会全体成员2/3以上（含本数）通过。

8.3.4 联盟的建设成效

1. 课题联合攻关，扩展合作领域

联盟自成立以来积极组织盟员单位联合展开技术攻关、联合实施科研课题，共同承担工程项目，合作领域从化工废水全过程治理扩展到化工废气综合治理及化工场地土壤修复等，涉及技术研发、工程设计、设备制造、工程运营等业务范围。目前，盟员单位已联合承担国家科技重大专项课题7项，联合开展技术攻关项目10项，联合实施化工污染控制工程10余项，联合编制指南2项。盟员单位除了积极开展技术协同攻关，还联合申报国家级奖项2项，省部级奖项5项。

2. 优选联盟伙伴，促进盟员单位发展

联盟成立初期，盟员单位以科研实力较强、在关键技术的研发上具有明显优势的科研院所及生产性企业为主，后期联盟在全国范围内优选合作伙伴，新盟员单位以拥有专业的技术成果转化队伍、雄厚的资金实力且能够根据市场直接需求进行技术二次研发的大型环保企业为主，涵盖江苏、河南、山东、浙江、湖北、广东、北京七个省（直辖市），围绕淮河、长江、黄河等重点流域并辐射至京津冀、珠三角等战略区域。通过联盟的带动，盟员单位南京大学盐城环保技术与工程研究院获得工信部国家中小企业公共服务示范平台、第六批江苏省中小企业公共技术服务示范平台、国家双创示范基地——南京大学盐城分基地、江苏省高新技术企业、江苏省五星级中小企业公共服务平台、国家重大水专项产业化基地等荣誉资质。江苏环保产业技术研究院股份公司获评江苏省废水无害化处理与资源化再生利用工程技术研究中心、企业技术中心、江苏省博士后创新实践基地。维尔利环保科技集团股份有限公司2019年获批“江苏省博士后创新实践基地”。

3. 产学研用合作，创新服务模式

联盟在制定规章制度，规范管理的基础上，打破常规，积极探索，协同创新，在联盟高端人才集聚、技术集成整装、成果产业化模式、高新技术企业孵化与引进以及重大项目协同创新联合攻关等方面开展了大量有益探索，突破了相关行业污染控制与治理整装成套技术30余项，孵化出高科技企业30余家，联盟相关核心技术成果与独创的专业化工污染防控新模式在江苏、浙江、江西、内蒙古、宁夏和天津等10余个省（自治区、直辖市）得到规模化推广应用，为上千亿产值的化工等行业可持续发展、区域环保科技成果转化以及环保产业发展壮大提供了重要支撑。

参 考 文 献

[1] 卫之奇. 美国产业技术创新联盟的实践[J]. 全球科技经济瞭望, 2009, 24(2): 9-14.

[2] 区章嫦. 美国产业技术创新联盟发展经验启示[J]. 生产力研究, 2015, 1: 71-73.

[3] 薛春志. 日本产业技术创新联盟的运行特点及效果分析[J]. 现代日本经济, 2010, 172(4): 48-52.

[4] 吴松. 日本支持与引导产业技术创新联盟的做法、经验与启示[J]. 全球科技经济瞭望, 2009, 24(2): 15-21.

第 9 章　水专项成果产业化基金研究与思考

9.1　产业基金在成果产业化过程中的作用分析

产业基金是以个别产业为投资对象，以追求长期收益为目标的成长及收益型投资基金[1]，国外通常称为风险投资基金和私募股权投资基金。产业投资基金以特定的产业或企业为投资对象，目的在于促进该企业的发展和成长，并在此限制条件内获取更多的回报。我国的产业基金是在资本市场形成的早中期阶段，聚焦于新兴的特定产业，用于引导产业发展方向的一种基金形式，属于利益共享、风险共担的集合投资基金，具有投向明确、支撑战略性发展布局、发起人多为大型企业或政府的特点。与投资企业的传统投资方式相比，产业基金不直接投资企业而是把钱交给市场化的基金经理去投资，借用市场的力量使用财政资金，最终投向战略新兴产业。产业基金通过引导社会资本进入新兴产业，扶持具有创新技术的中小企业，达到分散投资风险、提高技术能力、促进技术创新的目的，是科技成果产业化的助推器，是加速科技成果从实验室走向生产车间的重要助力。

1. 科技成果转化需要资金保障，基金可以高效利用已有资金完成产业升级

科技成果转化是将科研成果成功应用到产品生产并投入市场，最终形成社会生产力的过程，需要对具有实用价值的科研成果进行试验验证、开发应用、

市场推广形成新的工艺、产品、产业，在这一系列过程中需要与之相对应的资金投入。

资金在科技成果产业化过程中贯穿始终，是加速推进科技创新成果应用“六环节”（技术突破—工程化—产业化—市场化—规模化—品牌化）的重要支撑（图9-1）。研发资金用于创新型科研成果的技术突破环节；中试资金用于产业化前景明朗的科研成果转化为市场需求产品的工程化环节；产业化资金用于完善品控、降低成本，打造规模化、标准化、连续化、集约化的产业化环节；宣发资金用于市场化宣传和销售，提升产品竞争力的市场化环节；量产资金用于商品规模化量产进入资本市场的规模化环节；品牌化资金用于加强产品功能服务、提升品牌价值的品牌化环节。

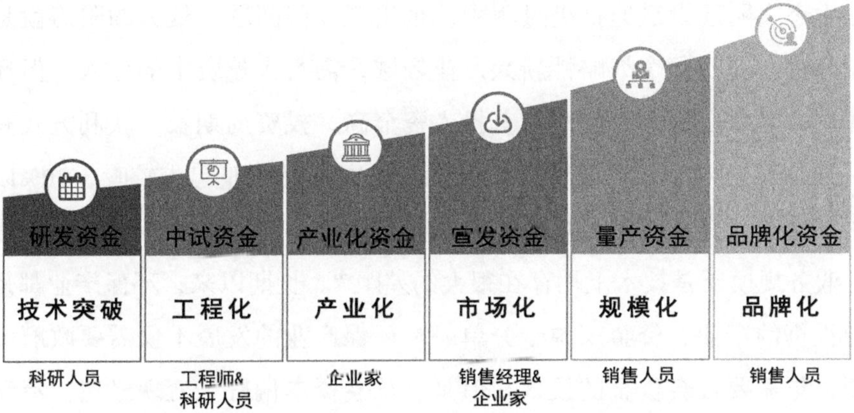

图9-1　科技成果产业化过程的环节、资金和人员

从科研成果研发到打造出成功的市场化产品，需要巨大的资金投入，从我国目前情况来看，大量依赖国家财政和银行信贷对高新技术的投资不足以满足高新技术产业的市场发展需求，需要提高社会资本的参与度，以加强在高新技术领域的投资。为了提升市场资金的使用效率，吸引社会资本介入，政府成立了产业投资基金（下称“产业基金”）。产业基金是政府以单独出资或与社会资本共同出资设立，按照市场化运作方式，引导社会资本进入重点发展领域和薄弱环节，支持相关产业发展的基金[2]。产业基金利用资本聚集机制，通过政府

发起和动员社会资本参与，吸引潜在的闲置社会资本，利用有限的资金调动尽可能多的金融资源投入重点领域，加速科技成果转化，调整产业结构，引导产业发展。

2. 生态环境领域总投资不足，亟须基金介入引导产业发展

环境保护一直以来作为一个公共产品，在人们的意识中普遍认为环保产业的发展应当依赖于政府的资金投入，这间接造成了投资效率低下、投资总量不足的弊病。在市场经济体制下，企业应是环保投资的主体。但在我国，企业缺乏环保投资的积极性和热情，这造成污染防治和环境保护几乎全面被推向政府，政府成为环保事业发展的主体。但事实上，完全依赖于政府，并不能解决所有的事情，甚至会出现效率低下、行动迟缓、污染可能进一步扩大的趋势[3]。

在生态文明建设迅速推进过程中，也出现一些问题，最大的阻碍就是投资不足。环保产业是一个战略性新兴产业领域，需要大量资本的介入，但环保产业主体服务对象是政府，同时有着投入资金高，投资周期长，获利方式有限的特点，导致其投入十分有限，发展滞缓。我国环保产业起步较晚，90%以上企业是中小企业，企业发展地域性特点明显，与国外环保企业相比，无论在资金规模、业务规模还是技术上均存在很大的差距[4]。长期以来，环保产业都是以政府主导投资的产业，资金来源十分单一。环保产业的发展不仅需要政府的引导性投资，更需要社会资金的投入。但是，社会资本偏好于变现迅速、流动性好的资本市场或风险较小的成熟性企业，投资于环保产业，特别是战略性新兴产业和创新性企业的资本严重不足[5]。同时，现有的投融资体系存在诸多缺陷，投融资渠道狭窄，中小企业融资难。主要问题集中在中小环保企业的融资对环保企业经营状态要求很高，融资比例小，效率低下，直接导致对政府拨款依赖性较高。由于市场不够成熟，吸引投资能力弱，同时知识产权抵押担保机制不完备，中小企业难以融资。

郭朝先等[6]指出环保产业将在未来随着经济增长出现井喷式需求，但现有环保融资渠道还处于较低水准，并不能满足日渐增长的需求；吴朝霞等[7]则认为政

府在加大中央财政投入的基础上需要完善财政融资政策，与转变产权结构相结合；国家发展和改革委员会也曾出文研究设立节能环保产业发展基金会；赵旭雯等[8]从利用政府政策、银行信贷、股权融资、上市等手段的角度探讨如何积累优质资本。目前已经有非常多相关研究成果在成果产业化和不同产业基金领域学术研究和应用中发挥了重要作用。

我国现阶段政府在环保事业的财政拨款上相对于行业整体规模来说存在资金紧张的问题，实际的投入不足，在一定程度上阻碍了行业发展和产业升级，无法实现现阶段产业结构调整。从我国整体经济发展角度，产业引导产业基金可以提升我国的市场活跃度和不同产业的技术研发及实际应用的契合度，为以后的创新型技术产业提供范例，对实现国家高新技术战略有着重要意义。为了改善环保产业投资现状，以习近平总书记生态文明建设理论为根本遵循，充分发挥政府的引导作用的同时，引领市场的资源分配，推动创新型、环境友好型产业的发展以及市场资金的高效运作，政府成立了环保产业基金。

设立环保产业基金的目的是利用社会闲散资金，将社会闲散资本进行整合投入到相对投资不足且具有巨大发展潜力的环保产业项目中去，运用规范的市场化手段，使发达地区的资金可以及时流入农村甚至是欠发达地区，减轻这些地方的环保资金压力。同时，利用投资成功的高效环保技术手段为人民提供更为优质的生活环境，让人民意识到环保产业的必要性，提高市场资本和人民的参与度，促进我国环保产业技术进步和经济稳定可持续性发展。

环保产业基金是产业投资基金的一种，是由政府与大型企业集团设立，按照市场化运作方式，针对环保产业对未上市企业进行股权投资和提供经营管理服务的利益共享、风险共担的集合投资的基金。环保产业基金可以集合社会闲散资本通过专业的团队进行管理投资运作，合理分配环保资源，降低企业融资成本及难度，适当施加经营压力，增强企业创新动力，改善企业财务状况，最终达到提升资金使用效率、优化环保产业结构的效果，增加整个市场的多元性[9]。

随着经济体制逐渐转型和社会产能全方位升级，我国传统的环保投融资渠道正在谋求改变，传统的环保融资基本都是来源于政府的政策支持，财政上也是以政府方为投资主体。因此整体投资方向偏向完成政府环保任务和政策导向，对于新兴的创新型环保企业投资较少。

目前我国每年全社会环保投资已达数万亿元，但总体上投资集中于传统的基础设施的建设“小而全”的建设中。当前环保工作面临产业升级，现有投融资渠道难以满足不断增长的环保投资需求。环保项目技术性强、投资周期长、回报率较低，除污水垃圾处置等少数领域可以维持投资成本与合理利润之间的平衡吸引社会资本进入外，大部分的环保技术产业项目普遍缺乏合理的盈利机制和循环性的商业模式，严重降低了社会资本进入的积极性，不利于环保行业发展。研究设立环境保护基金，建立以财政资金为引导的环境保护基金，立足现实需求，符合国家政策导向，是拓展环保投融资渠道的必然选择。

由于环保领域的公益性以及目前尚未具有较为成熟的市场化盈利手段，环保市场整体比较单一，以政府为主导，需要政府起引导作用，投资也以政府为主。而政府金融资源有限，如何利用产业化提高政府资金利用效率，形成完善的产业化链条，提升市场的信心，最终形成完善的环保产业市场是接下来的重点任务。

3. 水专项科研成果众多却少有产品市场应用，主要是在资金分配、环保成本、咨询投资上有所不足，引入基金可加速科技成果转化过程

在水专项研究过程中，诞生了许多在专业领域有所突破的成果，发表了1400余件相关论文和科技专利，并已部分得到了验证示范。但将技术成果产业化推进过程中，由于专利发明团队和专利所有权的单位对于成果转化的热情不高，或者缺少一定的渠道和相关市场化知识背景，专利成果转化效率和实际在市场的推广并不理想。目前，水专项科技成果产业化过程中，虽然瓶颈在从工程化到形成产品的产品化的阶段，但实际大部分水专项技术成果都还是专利，并没有进入验证和工程阶段。除去尚未进行开发的科研成果，水专项示范成果大多集中在工程化，即产品化阶段。没有产业化的突破，科技成果只能停留在工程化阶段，无法实现水专项科技成果的经济效益。水专项成果产业化过程复

杂且路径长，在产业化过程中普遍面临资金短缺的瓶颈问题。目前，我国环保资金的来源渠道主要是政府财政投资。据统计，我国70%以上的环保资金来源于政府或公共部门。在科技孵化领域，新建中小企业自有资金非常有限，融资渠道狭窄，空有技术、市场难以形成规模化的产业。如何利用现有资本帮助水专项技术突破成果工程化，工程化产品产业化，提升环保产业基金投资效率，对我国水环境保护，环保产业发展以及小康社会、生态文明社会实现，经济多元性市场建设，具有重大意义。

在资金分配上，创新过程中工程化和产业化不明晰导致很多人把工程化当作了产业化，事实上工程化的落地并不意味着产业化。工程化阶段验证技术的可靠性和稳定性，制作出产品；产业化阶段实现产品保质保量/稳定高效的流水线生产。而科技成果从工程化推进到产业化阶段需要大量资金投入用于批量产业化试验及试销，根据结果反馈改进完善产品，匹配实际需求，待到产品技术成熟、经济性合理、社会环境可行，再进行批量生产和市场推广，之间的衔接需要大量的资金投入。水专项旨在为中国水体污染控制与治理提供强有力的科技支撑，重点目标主要是突破关键技术，目前已有资金集中在技术突破、工程化阶段。水专项在2015年发布的《水污染防治先进技术汇编》收录的283项优秀技术成果中，由企业作为主要完成单位的不足30项，仅占总数的10%[10]。现阶段我国环保企业研发能力尚有待提高，大学与科研院所成为技术研发的主要载体。但目前科研院所对于科技成果的评价多重视专利、论文等量化指标，对于技术的最终产业化重视不够，并未着力搭建有效的成果转化路径，更加加剧了对于科研技术成果的二次开发的开发难度，因此需要更多资金投入才能克服现有的成果转化困难。在发达国家，从基础研究到技术开发再到产业化，配资比例约为1：10：100，而我国则仅为1：0.7：10[11]，分配到产业化阶段的资金不足。

在环保成本上，长期以来环保产业主要依靠政策驱动而非技术驱动，技术与市场需求脱节。对于排污企业来说，往往更重视污染治理的低成本与稳定性。新技术、新材料及新装备的引进意味着新的资金投入，并要承担一定的技术风险。企业更愿意选择以排放不超标、不违法为底线，对传统工艺、装备能够解决的排污问题就不再积极引进新技术。即便由于排放标准的提高被迫开展技改，也会尽量选择成本较低、市场应用较多的成熟技术[9]。这直接影响了治污企业应用先进环保技术及装备的积极性，引入基金可以降低企业治理污染的成本，提高企业进入中试阶段的概率。水专项科技成果的中试环节是科技成果运营的核心，很多科技成果运营都失败在这个环节。中试环节是科技成果从实验阶段向产品化阶段的必经阶段，同时也是科技成果走上商业化以及产业化之路的前提和保障。但是，由于中试阶段投入大、风险高，存在很多不确定性，企业的效益很难得到保障，因此产品中试由谁来投资进行就成为一个问题，必须建立一个保证科技成果产品化成功运营的长效投入机制，该机制应以企业为主体，同时科研机构以技术入股参与到运营中去[12]。

在咨询投资上，科技中介咨询机构在研究机构和企业的科技成果运营过程中起着桥梁和沟通作用，对于实现水专项科技成果的运营是必不可少的，而科技中介咨询机构的发展离不开政府政策的大力支持和投资建设，由于水专项科技成果的运营是一项系统工程，因此在研发机构和企业进行合作的整个过程中都需要中介的桥梁作用，都需要一个行之有效的中介机构来协调合作关系，促进成果运营。而在这个过程中，如果能由基金管理公司来扮演咨询中介，可以大大完善科技成果产业化的市场，为企业提供服务并从中收取费用，也可以为基金的运行提供稳定的收入来源。

9.2 国内外环保产业基金发展概况与成功模式和经验

环保产业基金的主要运行方式是通过投资拥有高新技术或产品的环保企业和基于企业合作形成的环保项目，帮助具有技术的企业上市，从中获得企业分红和项目利润，完成产业基金投资（图9-2）。

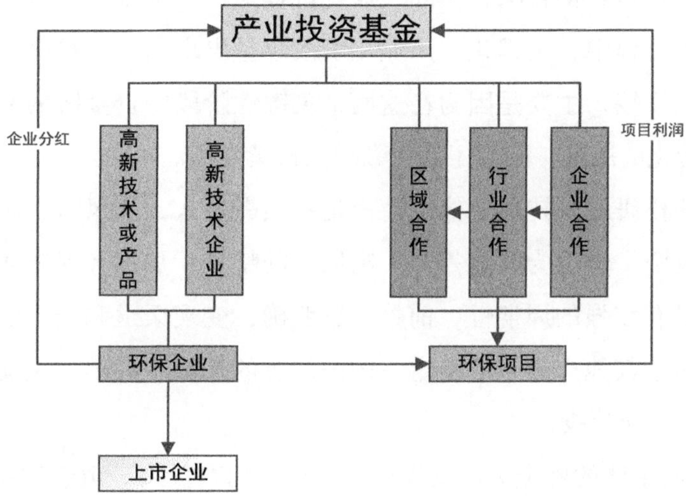

图9-2　产业基金运行方式

我国开展了大量的环保技术成果产业化与推广创新实践，自2003年以来，国内已有多支环保产业基金设立运行，其中部分基金和公司取得了较好的成效，如南京扬子江生态文明创新中心、重庆环保产业股权投资基金管理有限公司，给产业基金耦合创新链、产业链打下坚实基础，相关探索可为产业基金加速推进环保科技成果产业化提供可资借鉴的实践基础。

9.2.1　我国现有基金主要存在的问题

1. 从工程化到产业化过程中缺少资金支持

由于目前水专项主要技术研发载体为由中央政府和地方政府拨款的科研院所和大学，科学研究作为基础性研究比较容易获得国家和政府的经费支持，其经费较为充足，可以基本支持技术研发，完成科技成果产业化中的技术突破阶段，因此在该阶段中无须社会基金的参与。而由于水专项技术的先进性，一旦能进入科研成果市场化阶段，产品进入规模化量产的阶段，市场前景较明确，大部分市场基金都会在这个阶段对企业进行股权投资，比较容易获得资金支持，虽然市场化阶段整体需要的资金巨大，但由于资金来源丰富、融资渠道众多、在市场上容易获得青睐，实际产业化过程中不缺少基金支持。然而技术突破到市场化的过程中，工程化、产业化阶段容易出现断层，难以与科技成果产业化上下游相连接，主要是因为在这两个关键性阶段中资金链的不匹配，造成了科技成果转化的瓶颈，阻碍了环保领域的持续发展。

水专项的科研成果转化总体上而言是一项高投入、高风险、高收益的具有较长周期的投资，但因为其高投入、高风险的特点，加之环保产业整体上依赖国家政策，具有较强的周期性，前景不够明确，变现渠道和推广模式也还在探索，收益相对于其他产业不够稳定，国内已有的基金一般不会主动涉足环保产业的工程化、产业化投资。

（1）科研主体的资金无法支撑产业化项目的高投入。由于政府资金对高校科研成果转化的投入有限，大部分科技领域不可能期待一直依赖政府的投资来完成科技成果产业化。而由于企业科研的角色缺失，以高校和科研院所为代表的科研机构主要重心在科研，一方面科研人员在现有科研体系下并无成果转化动力，另一方面科研机构本身并不具有与成果转化需求相匹配的资金。

（2）资金充足的已有基金很难青睐不稳定回报的高风险。由金融机构形成的产业基金是完全化的市场化基金，追求投资周期短、投资回报快的项目，大多会将资金投入实力雄厚的大公司获取资金利益保障，很少将资金投入转化周期长、具有市场风险和技术风险的科研成果转化项目。

（3）企业不以技术升级作为市场竞争手段。大部分企业仍然通过资金、人力投入来实现量的扩张，通过规模来增加企业效益，以科技进步为主的内涵式扩大再生产还没有成为企业发展战略的主流。那些具备足够资金的大公司也主要是通过扩大经营规模来完成企业的壮大，而不是以技术升级作为占有市场的手段，导致高风险、高投入的科研成果产业化或者相关技术开发在企业经营中不被重视。有意向的企业由于来自高风险、高投入的压力对科研成果产业化项目望而却步，需要政府、金融机构等金融资源介入共同承担资金风险才能点燃企业的投资热情。

2. 实际到位资基金有限

现有国内很多产业基金都是数亿级别来宣传，但由于一般产业基金整体投资规模较大，一般是分期出资，首期出资大约20%，基金由有限合伙人认缴后，再根据实际投资进度继续拨付。但由于环保产业整体面临着投资期限长、前景不明朗的原因，投资成功的项目整体收益率也比想象中低得多，投资者缺少长期利益驱动，实际投资过程中一般难以按照宣传中全部缴纳完成投资。这导致产业基金的“来头大、雷声响、雨点小”的现象，最终难以达到预期效果。

9.2.2　美国清洁水州周转基金和超级基金的运行模式

由于环保的公益属性，生态环境市场发展早期的环保投资需要由政府主导推进，引导生态环境技术方向，保障污染治理的成效，其中以美国清洁水州周转基金和美国超级基金较为典型。

1. 美国清洁水州周转基金

美国清洁水州周转基金（Clean Water State Revolving Fund，CWSRF）是美国1987年建立的基金，由联邦政府和州政府按照83%和17%的份额注入作为基础资金，联邦、州与地方政府互相协作，由各州政府进行投资操作，是很多水污染相关项目的重要资金来源，目前基金运转良好，是美国历史上最成功的联邦水质基金计划，其基金运行方式如图9-3。

清洁水州周转基金主要依靠向项目或企业提供低息或无息贷款，项目成功后或企业经营盈利后，通过归还贷款和利息返还到周转基金后再分配给后续项目，基金也会做一些短期投资项目来维持基金效益[13]，各州还可以通过发行“平衡债券”（用周转基金中的1美元做担保发行2美元的债券）来增加可使用资金[14]，吸引民间资本参与到清洁水项目的投资。在此过程中，企业可以通过低成本联合开发水污染技术并获得基金补助或者低成本建设水务设施，提高市场竞争力；购买债券的平民可以以相对低廉的价格购买市政债券获取更高的收益，并且当地水环境也会有所改善；政府通过企业的污染治理技术开发和水务设施建设完成环境治理任务，同时因为环境改善，需要政府投资的污染治理项目减少，所需要的财政支出也相应降低。

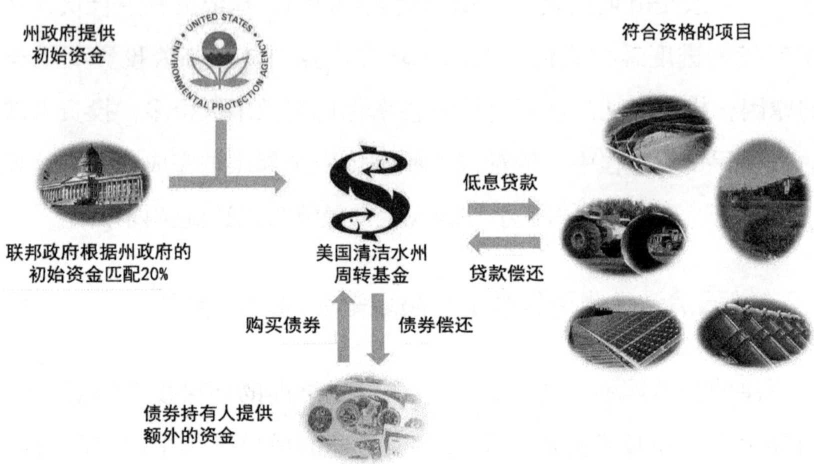

图9-3　美国清洁水州周转基金（CWSRF）

2. 美国超级基金

美国超级基金是在1970年爱河（Love Canal）和泰晤士海滩（Times Beach）有害废弃物倾倒事件后建立的基金，目前已运行50余年。美国超级基金项目流程如图9-4，美国环境保护局（EPA）先对污染地块进行初步场调，根据污染和危害程度评价筛选项目是否纳入优先治理名单（NPL），通过技术研究和分析项目的可行性，再由联邦政府选定修复计划，完成修复方案的设计，正式开展修复工作，并通过后续长期监测工作保障成效。设立污染治理相关科研项目，由高校教授或有技术研发能力的公司申请进行技术研究，取得技术突破后由EPA通过超级基金与企业进行合作开发相关设备或在EPA的帮助下将科研成果产业化，并小规模应用于污染地块的污染治理工作，协助治理污染。此外，联邦和州政府还启动了棕色地块再开发计划、州自愿治理计划等项目，推动私人资本参与较轻污染场地的修复治理和再开发。到2008年，已清理有害土壤、废物和沉淀物1亿m^3以上，清理有害液体、地下水、地表水12.9亿m^3[15]，为数万人提供饮用水源。

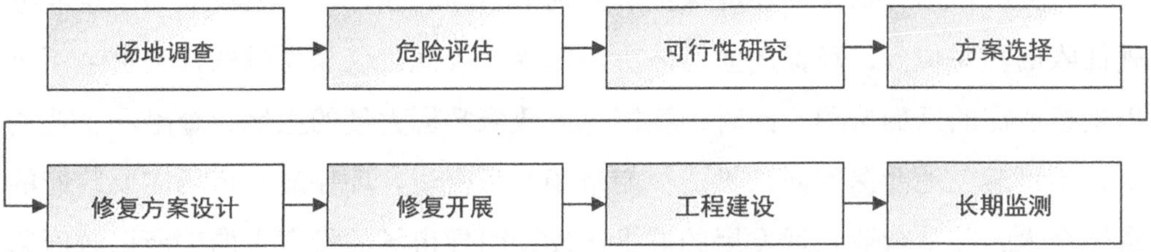

图9-4　美国超级基金项目流程

9.2.3　国外基金成功经验的启示

在美国清洁水州周转基金运行中，联邦主要负责向各州提供拨款，各州负责州内CWSRF项目的运作，提供各种类型的资金援助，包括贷款、再融资、采购或保证地方债务和购买债券保险。其成功经验在于，以财政资金稳定注入作为主要资金来源，解决了产业化过程中工程化和产业化阶段缺少稳定投资来源的问题；以利息收入和投资性收益作为补充来源，以低息贷款等有偿使用方式为主，主要解决企业融资瓶颈问题，降低了企业环保成本，对撬动社会资本投入环保行业起到了重要作用；以联邦为贷款、债务和再融资购买、担保和补助方，降低了融资门槛，在筛选项目过程中为企业提供咨询和对接服务，完善企业前期的咨询投资工作。随着城市污水处理设施普及率的提高，这部分资金需求逐步下降，2019年美国联邦预算投入的资金下降到13.9亿美元。对于地下水污染治理的技术研发投资也已经取得相应成果，部分技术设备已经在污染地点进行小规模污染治理。

美国超级基金最大的特点是与立法授权相结合，强化了政府的执行权力，明确了责任。《超级基金法案》规定污染责任主体负有回溯连带责任，同时建立动态清单，地块修复完成后从名单中剔除，保障清单的动态更新。超级基金的资金来源主要包括原料税、环境税、联邦财政拨款以及对责任人的追偿费用和罚款[16]。超级基金实行先修复再追责的运行机制，在潜在责任人不能确定、无力或拒绝承担清理费用时，可动用超级基金支付清理费用。

与美国相比，我国的环境保护法原则上不溯既往，也暂未设立污染企业额外征收的相关税务，环保产业整体市场化程度较低，仅靠少量的社会资金不足以支撑所需的巨额费用。同时，我国地方政府掌握大量的土地、金融和企业资源，不可避免地会深度介入投资，与市场关系密切。环保产业市场需要政府的资金介入，并从行业长远发展的需求出发，引导市场的投资方向，所以政府起引导作用的准政府模式和政府引导模式更适合国内生态环境领域产业的市场发展现状。待到市场化渠道完善后，可以参照美国超级基金的再开发计划，采用市场开放的私人股权模式和风险投资模式丰富市场，吸引社会资本的参与。

在合适的阶段介入产业基金，可以充分且高效地利用已有资金，加速技术产业化过程，助力生态环境科技成果转化。针对目前生态环境科技成果转化中的资金现状，结合国内环保产业基金的成功经验，探索可以从投资方向、参与机构、分段投资、政策支持、专业优势、服务平台六方面着手（图9-5），根据基金主要目标阶段选取合适的基金投资方向和资金来源，并根据基金的优势项目为基金的运行争取合适的配套资源。

图9-5 环保产业基金发展路径

9.3 南京扬子江生态文明创新中心环保产业基金设计与思考

以习近平总书记生态文明建设理论为根本遵循，响应南京市委、市政府的相关部署，充分发挥市场在资源配置中的决定性作用和更好发挥政府的引导作用，由南京市政府、江苏省政府联合南京大学建立了南京扬子江生态文明创新中心，它是集研发、展示、办公、产业孵化、人才培养等功能于一体的专注于环保产业的创新中心。

源创基金是扬子江中心近期开展的针对就绪度更低但具备前瞻性的突破性技术设立的产业基金，投资策略选择处于工程化阶段尚需二次开发的天使类项目。目前，水专项科技成果产业化过程中，虽然瓶颈在从工程化到形成产品的产品化的阶段，但实际大部分水专项技术成果都还是专利，并没有进入验证和工程阶段。因此基金主要针对就绪度不足、尚需二次开发、符合市场前景的创新型技术进行投资，联合高校院所及新研机构共同组成的混合攻关团队根据市场或企业的需求进行二次开发。由水办专家筛选出部分符合国内环保产业前景的就绪度不足、需二次开发的水专项技术，再与技术开发团队对接，探索技术实际应用的可行性，然后成立以研发团队为核心的源创公司，开展关键技术的二次开发、工程放大与应用示范，推动科技成果的转化落地并最终实现商品化和产业化。基金筹资规模控制在1亿，分2~3期进行资金筹措，首期规模不低于总规模的20%，后续根据出资方案、投资进度和实际用款需要确定分期资金规模。基金投资期2年，每个技术项目总投资不超过400万。天使类投资项目需具备前瞻性突破技术的原始技术创新或模式创新；项目处于二次开发试验阶段，需具备前瞻性的技术路线或前瞻性市场；水专项科技成果产业投资方式采取参股模式为主，融资担保模式为辅（图9-6）。

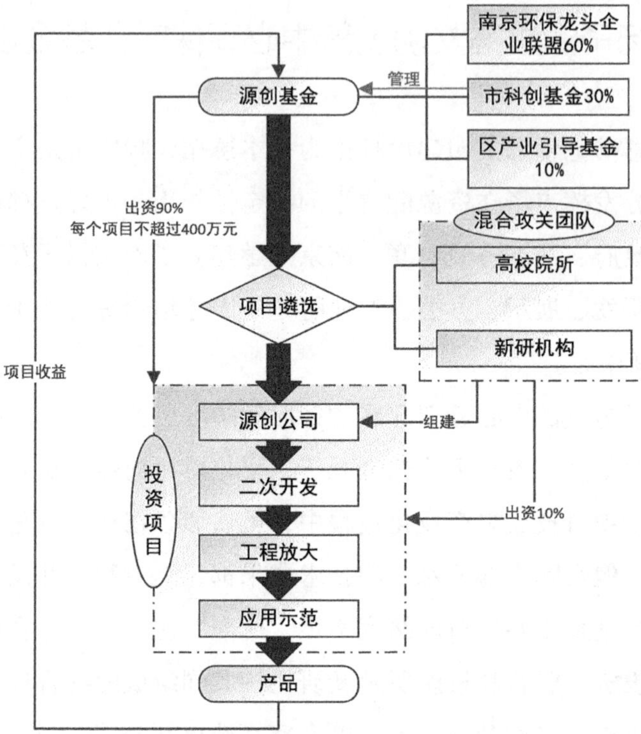

图9-6　源创基金运行模式

扬子江源创基金是南京政府推动，由南京市科创基金（占30%）、区产业引导基金（占10%）和龙头企业联盟（占60%）共建的股权投资基金，设计资金规模为1亿元，市场化运作，以股权投资方式投向源创公司。同时，扬子江中心设立专项科研资金，采用“拨投结合”的方式，对源创公司获得的源创基金投资金额，以最高1：1比例匹配科研项目经费资助，主要推动技术就绪度低于4的生态环境关键技术成果转移转化与工程化应用。扬子江源创基金的设立，有力推动了混合攻关团队对生态环境关键技术的二次开发、转化及产业化，支撑环保初创企业对相关核心技术、装备、材料等方面的需求，贯通科学研究、技术开发、产业孵化全链条，强化科技成果转化、知识产权共享、多元化资金投入，助力跨越环保产业科技成果转化的“死亡鸿沟”。

参考文献

[1] 王仲成, 上官秀玲. 建立环保产业基金　促进我国环保产业发展[J]. 中国环保产业, 2000(2): 16-18.

[2] 王晓鸿,吕璇. 经济新常态下甘肃省战略性新兴产业创新发展模式探索[J]. 科学管理研究, 2018, 36(4): 35-39.

[3] 王文军. 中国环保产业投融资机制研究[D]. 杨凌: 西北农林科技大学, 2007.

[4] 方虹, 姚鹏, 方惠, 等. 环保产业投融资模式选择与效率研究[J]. 全球化, 2014(1): 97-108+126.

[5] 华龙证券股份有限公司课题组, 李福祥. 甘肃省股权投资基金现状及发展研究[J]. 甘肃金融, 2015(4): 26-30.

[6] 郭朝先, 刘艳红, 杨晓琰, 等. 中国环保产业投融资问题与机制创新[J]. 中国人口・资源与环境, 2015, 25(8): 92-99.

[7] 吴朝霞, 文馨瑶. 完善我国环保产业融资机制的对策研究[C]. 第十一届中国技术管理（2014`MOT）年会论文集, 2014: 418-426.

[8] 赵旭雯, 张敏芳. 环保企业投融资问题探讨[J]. 水工业市场, 2012(2): 7-26.

[9] 周雯, 曹茜, 魏东洋, 等. 一种环保基金的募集管理系统及其应用[P]. 广东省: CN112163956A. 2021-01-01.

[10] 常杪, 王世汶, 杨亮, 等. 我国环保科研成果产业化的发展现状与模式创新[J]. 环境保护, 2016, 44(15): 41-45.

[11] 国庆. 粤、京、沪风险投资的缺陷分析及发展对策[J]. 南方经济, 2005(7): 50-53.

[12] 王世汶, 陈青, 杨亮. 市场导向下的环保产业园创新链构建思路[J]. 中国发展观察, 2018(12): 28-32.

[13] 王臣业. 我国高校科技成果运营的模式及绩效评价研究[D]. 哈尔滨: 哈尔滨工程大学, 2012.

[14] Travis R, Morris J C, Morris E D. State implementation of federal environmental policy: Explaining leveraging in the Clean Water State Revolving Fund[J]. Policy Studies Journal, 2004, 32(3): 461-480.

[15] 逯元堂, 陈鹏, 高军, 等. 中国环境保护基金构建思路探讨[J].环境保护, 2016, 44(19): 27-30.

[16] 孟春阳. 美国超级基金法的实践及其对我国的启示[C]. 生态文明与环境资源法-2009年全国环境资源法学研讨会（年会）论文集, 2009: 1162-1166.

第10章　全链式生态环境科技成果产业化模式绩效评估与经验总结

科技成果转化是实现创新驱动发展战略的重要举措，对我国经济高质量发展具有重要意义。虽然我国每年有数万项科技成果面世，令人遗憾的是，科技成果转化率非常低。《2014—2018年中国科技成果转化行业全景调研与发展趋势预测报告》数据显示，目前我国的科技成果转化率不足10%，而真正实现产业化的还不到5%，远低于发达国家40%的水平[1]，以习近平同志为核心的党中央高度重视科技创新和成果转化运用，科技成果转化政策接连出台，如《促进科技成果转化法》、《促进科技成果转移转化行动方案》、《国家技术转移体系建设方案》和《赋予科研人员职务科技成果所有权或长期使用权试点实施方案》等文件，这些政策全速推进我国科技创新迈向产业化，反映了国家推进科技成果转化运用的决心。

为解决环境保护中的技术难题，中国连续实施了多年的水体污染控制与治理科技重大专项（以下简称水专项），形成了一批先进的环保科技成果，使水生态环境保护修复工作取得积极成效[2,3]。但前沿技术研发与转化不足，先进环保技术、材料、装备的市场占有率偏低，导致环保科技成果转化欠缺畅通有效的市场化机制，造成了大量优秀的环保科技成果与污染治理市场的巨大需求无法对接[4]，真正实现市场化推广和产业化的数量与比例很低，“十三五”是水专项收官决战阶段，亟须探索适应我国国情成果转化与产业化模式，分析影响科技成果转化绩效的具体因素，将技术、材料及装备转变为流域的实际治污能力。

国际上科技成果转化具有模式多样化和制度丰富化，以官、产、学、研相结合为特点，形成了政府为引导、企业为主体、全社会支持成果转化的多元化机制[5-7]。国外研究认为社会资本[8,9]、产业内部创新机制[10]、第三方机构对技术转让效益的评价[11]、网络资源获取与入孵企业创新[12,13]，都是影响产学研互动合作进行科技成果转化的重要因素。目前，国内众多学者从运行机制、影响因素、转化路径和效率等方面对科技创新成果转化进行了研究。在运行机制方面，相关研究聚焦于科技成果转化的逻辑规律、法律环境、科技成果转化平台构建、创新主体和市场的关系等方面[14-17]。在影响因素方面，现有研究认为合作转化的总收益、政府的政策环境、企业和科研机构的额外收益、区域环境、组织行为和信息交互机制是影响高校科技成果转化效率的关键因素[18,19]。在转化路径和效率方面，相关研究从转化低效的原因、转化路径设计、科技成果所有权改革的实现路径等方面进行了详细的研究[20,21]。

目前，国内外学者对环保产业和创新成果转化分别有一定的理论研究，但将二者结合起来，聚焦生态环境保护的创新成果转化领域研究较少；特别是基于实际科技成果转化案例，从实证的角度分析科技成果的转化机制和转化绩效及影响因素，尚未得到有效的揭示。因此，以水专项淮河项目为例，探讨科技创新成果转化的绩效及影响因素，对提升生态环境科技成果转化效率、推动科技创新体制改革，具有一定的参考意义。

10.1　全链式生态环境科技成果产业化模式绩效评估及影响因素分析

10.1.1　成果产业化绩效测度与绩效影响因素评价方法

1. 数据来源

为了保证调查数据的准确性，采取问卷调查法，通过设计成果产业化模式绩效评估问卷，以“水专项”淮河项目关键技术团队、研究院和企业的相关负责人为调查对象。调查内容涉及技术研发、成果孵化、联盟集成、平台推广和机制保障等“水专项”关键技术成果转化和产业化的各个环节。最终，通过访谈包括高校、研究院和环保企业在内的16项关键技术研究团队，共获取了78份利益相关人的调查问卷。

2. 指标构建

1）绩效测度指标构建

“水专项”淮河项目成果产业化模式综合绩效测度主要是站在绩效测度的广度的维度，通过建立综合性评价指标体系，对成果转化主体的自身水平、外部效益和发展能力进行评价。根据相关研究参考文献[22-24]，从创新能力、转化支撑、转化效果3个维度出发，构建科技成果转化评价体系，对科技成果转化能力进行评价。根据以往研究，将全链式成果产业化全过程绩效作为目标层，以发展能力、外部效益和自身效益作为准则层，通过设计访谈问卷来获取数据。对国内外文献、著作等进行检索，选择使用频率高的指标，运用德尔菲法（Delphi method），通过“水专项”以及环保领域专家对指标进行调整和重组，最终确定了17个指标（表10-1）。目标层下包括发展能力、外部效益、自身水平3个方面，其中，自身水平反映科技成果转化主体自身发展状态和趋势，包括规模扩张和盈利能力2个评价准则共5个评价指标；外部效益反映科技成果转化发展对经济、环境和社会的贡献，包括经济贡献、环境效益和社会效益3个评价准则共8个评价指标；发展能力反映“水专项”科技成果转化的竞争力以及未来发展潜力，包括技术进步、研发能力和对外合作3个评价准则共7个评价指标。

表10-1 全链式成果产业化模式绩效测度变量定义及数据统计

目标层	准则层		指标层	指标解释	均值
全链式成果产业化全过程绩效评估	发展能力	技术进步	关键技术数量（项）	“水专项”关键技术及标准化装备数量	5.66
			关键标准、规范和指南数量（项）	依托“水专项”制定的关键标准、规范和指南的数量	3.33
			专利证书数量（个）	“水专项”关键技术所获国内国际专利数量	8.83

续表

目标层	准则层		指标层	指标解释	均值
全链式成果产业化全过程绩效评估	发展能力	研发能力	技术获奖情况（项）	技术所获省部级以上科技奖项数量	0.66
			研发资金投入（万元）	“水专项”关键技术研发的资金投入总额	598.00
			研发人员投入（万元）	参与“水专项”关键技术的研发人员数	15.33
		对外合作	国际交流情况（项）	参与的国际交流合作项目数量	0.11
	外部效益	经济效益	技术的市场销售额（万元）	“水专项”关键技术2018年市场销售额	2405.50
			技术应用工程的数量（项）	“水专项”关键技术推广应用工程的数量	21.00
			技术市场推广能力（%）	“水专项”关键技术工程应用的市场占有率	16.25
		社会效益	带动的就业人数（人）	“水专项”关键技术直接带动的就业人员数	28.50
			服务地方政府或企业数（个）	“水专项”关键技术直接服务地方政府或企业数量	7.00
			税收总额占比（%）	产业化中税收总额占市场销售额的比重	3.25
		环境效益	年削减有机有毒物规模	根据实际规模排序并分类：1为低，2为中，3为高	2.00
			年处理工业废水量	根据实际规模排序并分类：1为低，2为中，3为高	2.33
	自身水平	规模水平	孵化企业数量（个）	依托“水专项”关键技术孵化的企业数量	0.60
			孵化企业资产总额（万元）	依托“水专项”关键技术孵化的企业资产总额	400.00
		盈利能力	主营业务利润率（%）	依托关键技术转化和产业化过程中产生的利润率	12.00
			技术转让收入（万元）	关键技术团队或企业进行技术转让产生的收入	0.83

2）影响因素指标构建

影响科技成果转化的因素具有多样性，随着内外环境不断变化，科技成果转化主体参与程度、支持条件和投入水平均会有所不同，需要针对特定的情境进行具体问题具体分析。现有研究指出科技成果转化的影响因素主要包括技术水平、企业规模、市场因素、人才队伍、政府行为和推广机制等多方面。为了总结“水专项”技术成果产业化的具体经验，分析转化中遇到的实际问题，在参考前人研究的基础上，针对成果转化过程中的技术研发、成果孵化、联盟集成、平台推广和机制保障这5个关键环节分别选取技术、企业发展、人才和政府行为等方面指标，分析影响“水专项”科技成果转化和产业化的具体因素。具体变量情况如表10-2所示。

表10-2　全链式成果产业化模式绩效影响因素变量定义及数据统计

变量类别	准则层	变量	定义	均值	标准差
因变量	成果产业化绩效		由层次分析法计算出的绩效值		
解释变量	技术研发	参与“水专项”项目的连续性	“十一五”“十二五”“十三五”水专项的参与情况	2.61	0.96
		技术产品是否获得过省部奖项	是为1；否为0	0.55	0.49
		研发资金占比	按实际统计	0.51	0.13
	成果孵化	是否孵化了环保企业进行“水专项”成果转化	是为1；否为0	0.67	0.47
		是否存在资金短缺	是为1；否为0	0.57	0.49
		是否依托了孵化器	按实际统计	0.47	0.50
	联盟集成	是否参与了产业创新战略联盟	是为1；否为0	0.31	0.46
		技术联盟给予帮助的评价	5为非常大；4为比较大；3为一般；2为比较小；1为非常小	2.05	0.81
	平台推广	成果产业化是否依托了推广平台	“水专项”成果产业化中是否依托了相关推广平台	0.51	0.50
		技术产品工程应用效果评价	5为非常好；4为比较好；3为一般；2为不好；1为非常不好	3.98	1.06
	机制保障	政府资金支持情况	“水专项”成果产业化是否受到地方政府政策支持	0.49	0.50
		政府提供的硬件条件支持	包括办公场所、仪器设备、建立环保产业集聚区等	0.19	0.39
		获得地方政府高层次人才补助人员数量	企业或创新平台工作人员获得地方政府高层次高校毕业生就业专项补助的人员数量	1.14	1.08
		科学合理的绩效考核体系	包括科研项目、学术论文、技术创新、四技合同、专业性荣誉等	3.10	0.99

3. 模型设定

由于因变量均是有序且多分类指标，因此，选取有序Logistic回归来实证考察相关因素对不同类型产业化绩效的影响。有序Logistic回归模型的数学表达式如下所示：

$$\text{Logit}(P)=\ln\left[\frac{p(y\leqslant j)}{1-p(y\leqslant j)}\right]=\alpha_j+\sum_{i=1}^{n}\beta_i x_i$$

式中，y为因变量；j=1,2,3,4，表示4个不同选项；x_i为影响绩效评价的因变量；α_j为截距；β_i为回归系数，即自变量对因变量的影响程度；p为概率；i为因变量类别；n为样本数量。

10.1.2 生态环境科技成果转化绩效测度

目前，国内外有关成果转化绩效测定的方法主要有SFA法、ANP模型分析和层次分析法（AHP）等。基于已有研究，在所构建的指标体系基础上，运用层次分析法测度科技成果转化绩效。由专家对各层次内部的两两指标进行重要值评判，其结果用1~9比率标度法来表示，在获得了某一准则层下各个元素的两两比较矩阵之后，采用Matlab软件包来计算判断矩阵的最大特征值和特征向量，然后将向量W归一化处理，从而得到准则层各因素权重。由15位领域内专家分别对科技成果转化的主准则层及次准则层中的单一指标进行权重的打分，并且权重总和为1的方式，按照主观意愿分配单一指标的比重。在指标层权重确定的时候采用1~9标度方法，让专家在两两比较准则层中对每一个指标的相对重要性进行赋值，在此基础上，计算出每个指标相应的权重，再用一致性检验来确定指标最终的权重。最后得出所有指标的权重系数如表10-3所示。

表10-3 淮河“水专项”全链式成果产业化全过程绩效指标权重

目标层	准则层		指标层	指标权重
全链式成果产业化全过程绩效评估	发展能力（0.4287）	技术进步（0.2574）	关键技术数量	0.0921
			关键标准/规范/指南数量	0.0545
			专利证书数量	0.0728
		研发能力（0.1521）	技术获奖情况	0.0817
			研发资金投入	0.0326
			研发人员投入	0.0207
		对外合作（0.0192）	国际交流情况	0.0191
	外部效益（0.4247）	经济效益（0.2931）	技术的市场销售额	0.0718
			技术应用工程的数量	0.0852
			技术市场推广能力	0.0914
		社会效益（0.1316）	带动的就业人数	0.0422
			服务地方政府或企业数	0.0713
			税收总额占比	0.0114
		环境效益	年削减有机毒物规模	0.0564
			年处理工业废水量	0.0502
	自身水平（0.1466）	规模水平（0.1012）	孵化企业数量	0.0601
			孵化企业资产总额	0.0411
		盈利能力（0.0454）	主营业务利润率	0.0301
			技术转让收入	0.0153

由于所选取的评价指标存在量纲上的差异，缺乏可比性。因此，采用线性极值标准化的办法对指标原始数据进行标准化处理，得出各项指标的标准值，经处理后数据始终处于[0,1]。最后，根据指标权重，计算得出全链式成果产业化全过程绩效，结果如表10-4和表10-5所示。

表10-4　全链式成果产业化全过程绩效测度结果

目标层	准则层		指标层	高校衍生孵化模式评估结果	新型研发机构模式评估结果	环保企业合作转化模式评估结果
全链式成果产业化全过程绩效评估	发展能力	技术进步	关键技术数量	2.0262	1.6578	0.6447
			关键标准/规范/指南数量	0.6540	0.6450	0.3270
			专利证书数量	3.3488	3.0576	0.5824
		研发能力	技术获奖情况	0.7353	0.8987	0
			研发资金投入	91.2800	101.0600	29.3400
			研发人员投入	1.4904	0.8487	0.5796
		对外合作	国际交流情况	0.0573	0.0764	0
	外部效益	经济效益	技术的市场销售额	720.1540	1005.2000	430.8000
			技术应用工程的数量	9.1164	5.1972	1.2780
			技术市场推广能力	1.1882	1.3710	1.6452
		社会效益	带动的就业人数	5.6126	5.4860	2.1100
			服务地方政府或企业数	2.5668	1.2834	0.0713
			税收总额占比	0.0371	0.1140	0
		环境效益	年削减有机毒物规模	0.1128	0.1692	0.0560
			年处理工业废水量	0.1004	0.1506	0.1004
	自身水平	规模水平	孵化企业数量	0.0361	0.8414	—
			孵化企业资产总额	209.6100	653.7777	—
		盈利能力	主营业务利润率	0.4515	0.8414	0.3010
			技术转让收入	0.0153	0	0

表10-5　全链式成果产业化全过程绩效评估准则层结果

目标层	准则层		高校衍生孵化模式评估结果	新型研发机构模式评估结果	环保企业合作转化模式评估结果
全链式成果产业化全过程绩效评估	发展能力	技术进步	1.3228	1.1780	0.3410
		研发能力	12.6232	13.8790	4.0391
		对外合作	0.0011	0.0015	0
	外部效益	经济效益	181.4459	251.3232	107.7368
		社会效益	1.0254	0.8590	0.2722
		环境效益	0.0227	0.0341	0.0167
	自身水平	规模水平	21.2162	66.2474	—
		盈利能力	0.02119	0.0382	0.01365

由表10-4和表10-5可知，新型研发机构模式的科技成果转化绩效最好，其次是高校衍生孵化模式和环保企业合作转化模式。从3种类型的“水专项”科技成果转化绩效比较看，新型研发机构模式的科技成果转化规模水平高，研发能力和盈利能力强，产生了较多的经济效益；与新型研发机构模式相比，高校衍生孵化模式在科技成果转化中凸显了更大的技术进步；并且研究能力和社会效益这两项绩效水平与新型研发机构模式的差距较小。但是，在对外合作绩效中，三种转化模式均表现不佳。

可以看出，新型研发机构模式的科技成果产业化可以发挥协同创新优势，能围绕特定产品整合科技创新团队的优势技术，形成科技成果转移转化的规模优势；通过整合资源、提供成果转化服务促进不同主体之间，特别是市场主体和非市场主体之间对接，为科技成果转化提供专业技能支持。高校科研团队的科研能力较强，拥有较多的关键技术，但在企业管理和市场营销方面相对薄弱，因此，造成“水专项”成果产业化过程中，孵化企业的团队结构缺乏合理配置，通常以研发人员为主，缺少市场营销、财务管理和人力资源管理方面的人才，对商品化生产和市场化推广的力度不够。“水专项”淮河项目科技成果转化，开创了企业参与基础研究及科技成果转化的新模式。但现阶段，企业在技术研发阶段参与程度还不够，不利于技术与市场需求的衔接，增加了技术产业化难度，其自身的科技成果转化优势还未完全发挥出来。

10.1.3　生态环境科技成果转化绩效影响因素分析

采取有序Logistic回归的方法分别建立发展能力、外部效益和自身水平绩效3个模型，回归结果见表10-6。总体而言，模型的拟合度较好，回归系数的似然比检验值也较显著。

表10-6　“水专项”淮河项目全链式成果产业化绩效影响因素回归结果

变量	发展能力	外部效益	自身水平
参与“水专项”项目的连续性	1.471***(0.559)	0.952*(0.554)	3.844*(2.626)
技术产品是否获得过省部奖项	3.884***(1.162)	3.932***(1.143)	3.395(2.673)

续表

变量	发展能力	外部效益	自身水平
研发资金占比	6.716**(3.259)	6.185*(3.328)	−5.527(9.222)
是否孵化了环保企业进行“水专项”成果转化	−0.695(1.162)	6.620***(1.719)	10.105(10.448)
是否存在资金短缺	−1.695**(0.821)	−2.557**(0.906)	−1.449(2.003)
是否依托了孵化器	1.363(0.989)	0.917(1.038)	3.091(2.066)
成果产业化是否依托了推广平台	2.841**(1.490)	2.219(1.458)	−0.134(2.776)
技术产品工程应用效果评价	0.400(0.578)	0.681(0.618)	3.617*(1.828)
是否参与了产业创新战略联盟	0.995(0.821)	−0.365(0.847)	7.380(4.567)
技术联盟给予帮助的评价	2.103**(0.871)	1.898**(0.873)	0.259(1.390)
政府资金支持情况	3.393**(1.479)	1.704(1.457)	15.537**(6.125)
政府提供的硬件条件支持	7.179***(1.869)	7.131***(1.878)	11.203**(5.448)
获得地方政府高层次人才补助人员数量	−0.606(0.626)	−0.489(0.672)	0.967(0.913)
科学合理的绩效考核体系	1.879***(0.555)	2.614***(0.652)	6.099**(2.953)
R^2	0.827	0.877	0.959

注：***表示$P<0.01$；**表示$P<0.05$；*表示$P<0.1$

在技术研发方面，是否连续参与了“十一五”“十二五”水专项并对发展能力绩效、外部效益和自身水平绩效均产生了显著正向影响；技术产品获得省部奖项越多、研究资金占比越大越能显著提升发展能力和外部效益绩效。“水专项”科技成果转化推广是一个长周期、多主体参与的过程，不仅包括研发和中试阶段，还包括示范工程、应用工程和产品推广阶段，因此，项目参与的连续性能有助于关键技术积累，更好地提升技术成熟度，实现“水专项”创新科技成果顺利转化落地。

在成果孵化方面，研究团队是否孵化了环保企业进行“水专项”成果转化能显著提升外部效益绩效，说明通过自办企业可以更好地迎合市场需求，以市场化的运作模式推进技术成果产业化，降低成果转化成本，提升转化效益；而对发展能力绩效具有显著负向影响，可能的解释是研究团队通过自办企业对关键技术数量、技术获奖、研发投入等技术进步和研发能力的助力作用并未显现。通过调研我们也发现，产业化创新平台内部学术领头人（PI）团队通过开发技术和产品，具备商品化生产条件后，引入社会资本或创投形成新企业，由孵化的新企业进行产业化推广，这种模式能有效地实现科技产品快速顺利落地，形成有竞争力的市场产品。存在资金短缺对发展能力和外部效益绩效产生显著的负向影响，说明取得良好发展能力和外部效益的科技成果转化需要更多的资金支持。在科技成果转化过程中，存在资金短缺情况的转化主体往往是孵化了环保企业且自身资产总额较大，具有一定的规模和盈利能力，因此，在长远的规划发展中对资金的需求较大。

从平台推广和联盟集成上来看，成果产业化对技术联盟发挥作用有较高评价，能显著地影响科技成果转化绩效的各个方面，这是因为科技成果转化不是单一的技术问题，而是涉及需求、定价、开发、设计、推广等多要素的复杂系统，因此，联盟集成把单一的“水专项”技术成果科学、高效地融合到产业化链和技术链中，依靠高效而成熟的推广平台能打通“水专项”成果从“书架”走到“货架”的产业化推广，有助于科技成果顺利实现转化。

在机制保障方面，政府提供的资金支持对“水专项”科技成果转化的绩效产生了显著正向影响，获得地方政府提供的硬件条件支持越多越能提升发展能力、外部效益和自身水平绩效，而拥有科学合理的绩效考核体系也能有助于增强“水专项”淮河项目全链式成果产业化的全过程绩效。科技成果转移转化具有很强的环境依赖性，而科技成果转移转化政策是环境因素最重要的构成要素。可见，政府在科技成果转化中发挥了重要的推手作用，从资金、制度和激励等各方面推进科技成果转化，完善市场秩序，使政府的政策支持和对转化环境优化程度成为影响科技成果转化的重要因素。

10.1.4　生态环境科技成果产业化典型案例

1. 成果转化与产业化过程

郑州大学买文宁教授的技术团队先后承担了国家“十一五”“十二五”水污染控制重大科技专项及省市多项科技攻关项目，获得了多项国家级和省级科学技术进步奖，获批多项发明专利。基于水专项技术，研发团队孵化了河南君和环保科技有限公司。目前已经形成了集应用研发、工程试验、市场推广和成果总结为一体的全链式产学研成果产业化模式。

该技术团队的成果转化与产业化的特点主要有以下几个方面：①较高的技术转化效率，学术研究的专业化+工程设计的综合性+用户意见的时效性；②丰富的试验基地资源，长期的工程运行，数据完善，反馈及时，利于改进；③面向应用的研究生培养机制，通过培养工学硕士，学以致用，从实践中总结科学，将科学应用到实践，更好地过渡到工作岗位。

在技术研发上，团队采取教授牵头、技术骨干主持和研究生实施的方式开展基础研究，通过实验室小试和现场中试打通技术流程，摸索技术参数。在工程试验上，孵化的君和环保科技有限公司的设计部进行工艺技术的工程设计，采取新工艺、新技术和新装备的工程化检验，同时与企业共同建立“郑州大学研究生实习基地”和“郑州大学产学研试验基地”。在成果孵化中，主要依托孵化的河南君和环保科技有限公司，该公司先后承担了国家“十一五”、“十二五”和“十三五”水污染控制重大科技专项及省市多项科技攻关项目；拥有教授、副教授、工程师、博士和硕士等专业人士百余人，与南京大学、郑州大学、中科院长期合作，实验室资源共享，研究生定期交流。在产业化的市场推广上，以市场接受度为检验技术实用性的标准，通过在应用中改进、完善来保证市场的竞争力。

2. 成果转化效益

买文宁教授团队与中国科学院、南京大学、郑州大学、中国石油化工集团（SEI）、中煤科工集团等科研院校深度合作，着眼于高难度工业污染治理与市政环境改善，拥有多项“废水+废气+固废”整体解决方案。依托孵化的企业拥有上百项污水处理装置，目前在北京、河南、江苏、四川、山东、浙江、湖北、福建、内蒙古、安徽、山西、贵州、宁夏、新疆等多个省（自治区、直辖市）的工业企业环保、资源回收及环境改善等领域不断发挥作用。2018年通过孵化企业开展的科技成果转化和产业化的新技术产品销售总额达8000万元，总利润率约20%。

10.2 全链式生态环境科技成果产业化模式经验总结

1. 结论

针对产业化“最后一公里”的瓶颈问题，借鉴国外成果转化的成功经验，水专项积极探索了成果转化与产业化机制，创新实践了的全链式水专项成果转化模式，以南京大学牵头的淮河项目研究团队是实践创新基于“技术研发—成果孵化—联盟集成—平台推广—机制保障”的全链式水专项成果产业化推广模式的典型代表，有力推动了水专项成果在淮河流域的推广应用。在全链式水专项成果产业化模式下，通过吸纳多主体共同参与，探索形成高校衍生孵化模式、新型研发机构模式、新建专业所模式和创新中心模式这四种“全链式”的科技成果转化模式，促进水专项成果顺利实现产业化。通过建立了包含成果转化主体的自身水平、外部效益和发展能力等17个指标的综合性评价指标体系，基于实地调查获取的数据，采用层次分析法测度水专项科技成果转化绩效，构建回归模型评估转化绩效的影响因素，分析结果发现：①新型研发机构拥有较高的规模水平，较强的盈利能力和较多的经济效益，使该种类型的科技成果转化全过程绩效最高；高校衍生孵化模式的科技成果转化也具有较高的技术进步水平和研发能力，产生了较大的社会效益；相比之下，作为科技成果转化的新举措，由于环保企业关键技术的原始积累不足，参与研发程度不够，导致其市场推广和获取经济效益的优势还未完全显现。②参与“水专项”项目的连续性、技术的先进性、研发资金占比、技术联盟发挥的作用、政府提供的资金和硬件条件支持以及绩效考核激励是影响“水专项”淮河项目绩效水平的重要因素。

生态环境科技成果转化和产业化具有较高的创新价值，其模式机制和经验可以为其他科技成果转化提供重要的借鉴。科技成果转化链条中，每个节点、每个主体都不可或缺，企业、高校、科研院所等创新主体都应发挥好各自职责。未来，加快构建以创新平台为重要载体的生态环境科技成果转化体系，系统推动生态环境领域科技成果真正转化落地，还需要政府、市场和科研创新主体的共同发力。①强化政府引导和政策扶持，优化成果转化环境。在科技创新成果转化过程中，离不开政府政策的大力支持。一方面，地方政府要充分发挥自身的引导作用，强化政策扶持力度，特别是对创新型科研团队建设的扶持，有针对性地为各转化主体提供相关政策支撑；通过系统布局，统筹协调各类创新资源，实现配置效益的最大化和效率的最优化。另一方面，建立有效的科技人才激励机制，为科技成果转化补充创新型人才。②发挥孵化基金的杠杆作用，积极引导社会资本投入。科技成果转化改革步入深水区，未来的关键是广泛吸纳企业与社会资本参与创新，推动校企互联互通，实现上下游产业链的畅通。以市场需求疏通科技成果转化链条，通过改革科研选题机制，构建以市场需求为导向的科研项目，使科研与产业发展衔接更加紧密。③高校和科研院所要对接环保产业共性核心技术需求，密切加强与区域内环保企业合作，共同开展产学研协同创新活动。通过进一步改进和提升淮河项目成果转化与产业化创新体系，进一步完善顶层设计，打造创新平台，理顺各个保障机制的职能和作用，建立完整的“水专项”成果转化与产业化体系的绩效评估指标体系，进一步优化和提升成果转化与产业化创新体系内涵与运行效率。

2. 启示

生态环境科技成果产业化实践创新了基于“技术研发—成果孵化—联盟集成—平台推广—机制保障”的全链式成果转化与产业化推广模式，该模式主要由新型研发机构、科技孵化器、产业技术创新联盟和产业化平台所构成，其中型研发机构主要职能是“以研发为产业，以技术为商品”，从水专项淮河项目中筛选有产业化潜力成果进行产业化二次开发，着重提高技术的稳定性和经济性，研制出真正有市场竞争力的商品化产品装备，再有偿转让或转移进入产业化推广；科技孵化器的主要职能是提供专业化的科技孵化服务，提高水专项成果转化效率以及科技创新企业成活率；产业技术创新联盟的职能是通过联盟集成创新，把单一的水专项成果科学、高效地融合到产业化链和技术链中，形成高水平的整体解决技术方案，解决单一技术无法在实际工程中推广应用的瓶颈问题，极大提高水专项成果的市场接受度和认可度；产业化平台的主要职能是把技术人才、工程人才和市场推广人才进行有机组合形成市场化、专业化人才团队，实现“政-产-学-研-用-金”六位一体有机融合和无缝对接，推动水专项成果的大规模产业化推广应用。

参考文献

[1] 刘学之, 马婧, 彭洁, 等. 美国国家实验室成果转化路径解析与制度保障[J]. 科技进步与对策, 2015, 32(11): 20-25.

[2] 王金南, 孙宏亮, 续衍雪, 等. 关于“十四五”长江流域水生态环境保护的思考[J]. 环境科学研究, 2020, 33(5): 1075-1080.

[3] 常杪, 杨亮, 王世汶. 政策机制变革下的环保产业特征分析[J]. 环境保护, 2015, 43(8): 24-26.

[4] 赵云皓, 孙宁, 辛璐, 等. 环保产业发展不同阶段环境政策制度作用力研究[J]. 中国人口·资源与环境, 2014, 24(S1): 34-37.

[5] Ratinho T , Henriques E. The role of science parks and business incubators in converging countries: Evidence from Portugal [J]. Technovation, 2010, 30(4): 278-290.

[6] 孙涛. 我国老工业基地科技成果转化效率评价研究——以东北地区为例[J]. 中国软科学, 2020(1): 164-170.

[7] Das G G . Information age to genetic revolution: Embodied technology transfer and assimilation—A tale of two technologies [J]. Technological Forecasting and Social Change, 2007, 74(6): 819-842.

[8] Bao L. The research on social capital of industry-university-research institute cooperation [J]. Asian Social Science, 2009, 4(11).

[9] Diener B J, David T. The environmental industry in Massachusetts: From rapid growth to maturit, Eorporate Environmental Strategy [J]. Corporate Environmental Strategy, 2000(7): 304-313.

[10] Sun Baojun; Feng Chunhua. The mode and common points of the innovation of industry university research cooperation in the main developed countries [J]. Cross-cultural Communication, 2015, 11(11): 72-75.

[11] Sathaye J A, Holt E C, De La Ruedu Can S．Overview of IPR Practices for Public-

ly-funded Technologies [R]. Lawrence Berkeley National Laboratory, 2005(10): 31.
[12] Grimaldi R, Grandi A. Business incubators and new venture creation: an assessment of incubating models [J]. Technovation, 2005, 25(2): 111-124.
[13] Hughes M, Ireland R D, Morgan R E. Stimulating dynamic value: Social capital and business incubation as a pathway to competitive success [J]. Long Range Planning, 2007, 40(2): 154-177.
[14] 王宏起，吕建秋，王珊珊．科技成果转化的双边市场属性及其政策启示——基于成果转化平台的视角[J]. 科学学与科学技术管理, 2018, 39(2): 42-51.
[15] Qin Jie, Song Wei. The construction of the legal environment of the transformation of the scientific and technological achievements in China [J]. Canadian Social Science, 2016, 10(11): 16-22.
[16] 刘磊, 胡恩华, 单红梅. 科技成果转化研究述评——基于知识图谱的可视化分析[J]. 经济体制改革, 2020(2): 120-128.
[17] 吕岩威, 李平. 科技体制改革与创新驱动波及: 1998~2013 [J]. 改革, 2016(1): 76-87.
[18] 史竹琴, 朱先奇, 许亚斌. 科技园区创新成果转化的路径研究——基于多主体合作视角[J]. 经济问题, 2020(1): 70-78.
[19] 罗茜，高蓉蓉，曹丽娜．高校科技成果转化效率测度分析与影响因素扎根研究——以江苏省为例[J]．科技进步与对策, 2018, 35(5): 43-51.
[20] 孙涛．东北地区科技成果转化路径的优化研究[J]. 中国软科学, 2019(1): 175-183.
[21] 李政刚. 赋予科研人员职务科技成果所有权的法律释义及实现路径[J]. 科技进步与对策, 2020, 37(5): 124-130.
[22] 刘永千. 科技成果转化能力评价研究: 以上海市为例[J]. 中国科技论坛, 2017(1): 12-18.
[23] 唐五湘. 科技成果转化绩效评价指标体系的比较分析[J]. 工业技术经济, 2017(1): 61-67.
[24] 戚湧，朱婷婷，郭逸．科技成果市场转化模式与效率评价研究[J]. 中国软科学, 2015(6): 184-192.

第 11 章　促进水专项科技成果产业化的建议

虽然淮河项目在水专项成果转化与产业化推广方面取得了明显成效，但是仍有大量的水专项技术成果仅仅是完成了工程示范验证，还停留在高校及科研院所科学家的“书”上，尚未形成可市场化推广的产品装备。因此，为了在“后水专项”时代能把大量的水专项技术成果推到市场，从“书架”走到“货架”，真正转化为我国水环境治理能力和环保产业发展核心动力，建议重点在以下五个方面开展工作：

1. 建立以产业化为导向的“专家-实证双轨协同”评价体系，对现有成果的市场化潜力进行二次甄别评估，明确真实的产业化价值

专家与实证两类评估体系对于综合评判水专项成果的先进性、实用性各有侧重，不可或缺。建议以产业化为导向，建立双轨互馈的新型专家-实证协同评估体系，将以技术“就绪度”为主的成果成熟度评判转变为以可孵化性为主的产业化潜力评估，对现有专项成果的技术创新性、产品化和市场化等潜力进行二次甄别评估。一方面从产品技术创新性、产品商品化/产业化基础、研发经营团队可靠性、成果知识产权清晰度、产品可期市场容量、商业模式可操作性等多方面，进一步优化现行专家评估方法。另一方面，整合提升现有相关环境技术验证评估平台资源与技术水平，针对专项创新突出的引领型、破解卡脖子问题的突破型与市场急需的实用型等不同类型成果，开展定向化、定制化与集成化的第三方实证评估，并与专家评估结果进行充分双向反馈，更为科学客观地实现对专项成果真实的可孵化性及产业化价值的综合评估。

2. 在重点地区设立以市场化推广为目标的水专项成果二次研发与产业化基金或专题项目，引导成熟度高且产业化前景好的关键技术成果快速实现产品化、商品化和产业化

由于环境问题的公益性、环境治理的专业性和产业化的长期性等特点，在后水专项时代，亟须在国家层面接续实施相应举措，深化聚焦探索环保科技成果孵化与产业化推广的模式、体制与机制，引导和推动水专项成果全面进入孵化和产业化阶段。建议在京津冀、长江经济带、黄河流域、粤港澳大湾区等对污染治理科技需求强烈的地区，依托有水专项技术研发与成果推广基础的研究机构及平台、在环保科技市场有较大影响的大型环保企业、有专业化综合服务能力的环保科技专业孵化器，引入社会资本，建立多元筹资途径，设置水专项成果市场化二次研发与规模化推广专项、项目或课题，有组织性、有目标地实现水专项关键成果的快速产品化、商品化与产业化。具体包括产品设计优化、样品制造、市场测试、功能完善、产品系列化、标准化等，让专项成果转变为能真正满足市场细分需求的商品化产品，最终提高专项成果的孵化与产业化效率与效果。

3. 进一步从法律层面明确职务发明权利归属与收益分配等核心问题，从根本上解除阻碍水专项成果转化与产业化的制度“羁绊”与“后顾之忧”，激活产业化原动力

清晰明了的职务发明制度是水专项成果快速实现孵化与产业化的法律基础。以《专利法》为载体，国家应进一步明确职务发明的法律依据，厘清、理顺与现行相关法律、条例中有关规定的关系，明确高校与科研院所科技成果的所有权归属制度，完善高校发明人的权利保障机制，特别明确实践中争议最大的发明人与单位就奖酬所作优先约定的效力，完善高校科技成果转化的收益分配制度，从根本上解除阻碍科技成果顺利孵化的制度“羁绊”与“后顾之忧”。同时，目前高校与科研院所主要以学术论文、科研奖项为导向的考核与评聘机制严重压抑了科研人员从事成果转化的积极性，造成大量成果“束之高阁”。呼吁不断增加水专项等应用技术研发与成果转化为主的科研工作在考核机制中的“贡献和价值”，释放成果研发者参与产业化原动力。

4. 大力培育环境技术经理人与环保科技中介机构，着力构建环境技术成果转化的科技中介服务体系，形成行业性的成果转移传动力；构建覆盖产业化全链条的多元投融资体系，注重发挥现代信息传媒体系对产业化的舆论引导、公信监督作用，构筑全方位产业化护航助推力

规范成熟的科技中介体系是欧美发达国家实现成果高效转化与产业化的重要经验之一。环境科技成果转化具有显著的专业性、复杂性和长期性，叠加研发者产业化原动力被压抑的现状，更需要既懂技术、又了解市场，兼具法律和商务谈判技能的专业型复合型科技中介服务体系。目前我国环境科技中介体系与技术经理人队伍在规模、业务水平等方面都尚不成熟。建议在生态环境部、地方生态环境厅（局）等层面，有意识地注重环保科技成果孵化与产业化科技中介机构培育壮大，职业环境技术经理人规模化培训培育。同时，针对众创苗圃、孵化器、加速器和产业园等不同阶段的需求，构建全链条覆盖的种子基金、天使基金和风险投资等投融资保障体系；发挥现代传媒大数据信息手段的优势，全面开展成果供给与需求精准对接、宣传和舆论引导，并形成特有的公信监督体系。

5. 以国家生态环境科技成果转化综合服务平台为核心，整合全域平台资源，在流域和行业尺度上建立“一核—多级—多点”的全覆盖、立体化的成果孵化渗透扩散网络，发挥市场需求端对专项成果转化的强大牵引力作用

建议推广在淮河流域探索的“技术研发—成果孵化—联盟集成—平台推广—机制保障”的专项成果孵化模式，在水专项收官阶段与后水专项时代，以“国家生态环境科技成果转化综合服务平台”为母体“顶梁”，以南京扬子江生态文明创新中心等地方平台为核心“支柱”，进一步整合水专项项目、课题、子课题各层级已建的产业技术联盟、示范企业、政产学研融合平台、新型研发机构以及中介服务等“分散”的点状平台载体资源，在各重点流域和主要行业尺度上，搭建起“一核—多极—多点”全链条、立体化的全覆盖、渗透式成果孵化扩散网络体系，为相关平台之间，以及平台体系与市场需求端之间建立起更深度互动的多元主体深入对接，多级供需深度互联网络，最大限度发挥市场需求端对于水专项成果孵化与转化的强大牵引力作用。